大美黄山自然生态名片丛书

The Rich and Colorful Plants in Huangshan

多姿多彩的黄山植物

尹华宝 编著

北京时代华文书局

图书在版编目(CIP)数据

多姿多彩的黄山植物 / 尹华宝编著. — 北京：北京时代华文书局，2021.12

ISBN 978-7-5699-4131-9

Ⅰ.①多… Ⅱ.①尹… Ⅲ.①黄山－植物－介绍Ⅳ.①Q948.525.4

中国版本图书馆 CIP 数据核字(2021)第 243414 号

多姿多彩的黄山植物

DUOZI DUOCAI DE HUANGSHAN ZHIWU

编 著 者｜尹华宝

出 版 人｜陈 涛
选题策划｜黄力群
责任编辑｜周海燕
特约编辑｜乔友福
责任校对｜薛 治
装帧设计｜精艺飞凡
责任印刷｜訾 敬

出版发行｜北京时代华文书局 http://www.bjsdsj.com.cn
　　　　　北京市东城区安定门外大街 138 号皇城国际大厦 A 座 8 楼
　　　　　邮编:100011　电话:010－64267955　64267677
印　　刷｜湖北恒泰印务有限公司，027－81800939
　　　　　(如发现印装质量问题,请与印刷厂联系调换)
开　　本｜710mm×1000mm 1/16　印　张｜8　字　数｜140 千字
版　　次｜2022 年 5 月第 1 版　印　次｜2022 年 5 月第 1 次印刷
书　　号｜ISBN 978-7-5699-4131-9
定　　价｜48.00 元

前　言

　　黄山是我国国家级重点风景名胜区，是"中国十大风景名胜"之一。

　　黄山地处中纬度亚热带地区，地带性植被为常绿阔叶林，具体说，为亚热带常绿阔叶林植被带—安徽南部中亚热带常绿阔叶林地带—皖南山地丘陵植被区—安徽、九华山植被片。黄山是华东第一高峰，海拔 1800 米以上，森林植被具有明显的水平地带性和山地垂直地带性。

　　植被是维护黄山景观生态系统的主体，是黄山生态环境保护的屏障。

　　最新黄山生物多样性调查显示，黄山有高等植物 2385 种，被世界自然保护联盟（IUCN）确定为世界 108 个生物多样性分布中心之一，被国家生态环境部确定为中国 35 个生物多样性保护优先区域之一（黄山—怀玉山区）。黄山植物经历漫长的自然选择、自然演化，与风景区的气候、地貌、土壤等自然环境形成了相互适应、相互协调的共存体。

　　植物是黄山景观最富有生气的组成部分，是可更新的再生生物资源，使风景区充满了活力。黄山丰富的植物资源是黄山生物多样性的基础和决定因素。植物资源不仅为动物和微生物提供了丰富的食物，同时，植物在群落中所形成的层次结构多样性是动物和微生物栖息、繁衍、种群发展的环境基础。植物、动物、微生物及其环境组成了黄山丰富的生物多样性。黄山山高林茂，地理位置独特，是冰川时期动植物的避难场，区域内保留和涵养了许多第四纪冰川幸存下来的古老孑遗植物物种。

黄山享有"奇松""怪石""温泉""云海""冬雪"五绝之美誉。其中，温泉、云海的形成与黄山森林植被资源密不可分。黄山的云海源于森林；茂密的森林涵养着水分，又使山泉清澈不竭。

黄山，峰峦叠嶂，沟壑密布，郁郁葱葱，终年云雾缭绕，气候瞬息万变，因其奇、伟、幻、险的自然景观，被誉为"人间仙境"。黄山素有"石为体，树为发，花为容，云为裳"之说，名震于五洲、著称于四海，每年吸引了无数海内外宾客前来领略黄山的奇美风光。人们在欣赏黄山自然风光的同时，常常会惊叹那些多姿多彩、争奇斗艳的各类奇花异卉。

植物是黄山自然景观的精华。其丰富多彩的株型、变化多样的叶形、鲜艳夺目的花朵、玲珑可爱的果实、珍贵稀有的古树名木，无不展示了黄山植物的形态美、色彩美和珍稀美。

在黄山风景区的旅游资源中，植物具有特殊的、无可替代的作用和功能。本书是《大美黄山自然生态名片丛书》的植物分册，主要从植物角度来展示黄山的自然美。全书共分为三章，分别为：珍稀濒危植物、药用植物和观赏植物，每章精选10种黄山代表性植物以及部分与代表性植物有关联的植物物种，共计51种植物。每节内容介绍该植物的形态特征概述、生境及分布（包括在黄山景区的分布）、植物科学与文化以及植物保护措施等；在"观赏植物"一章里，还特地简要介绍了景区范围内的观花点与路线。需要强调的是，黄山植物按本书三个章节归类划分，但并非绝对，例如中华猕猴桃既是国家二级重点保护植物，也是药食同源植物，还可作为观赏植物；茎可用于造纸，也可用作饲料，花可提取香精等。

本书内容翔实丰富，文字通俗易懂，希望能引领黄山游客、植物爱好者尤其是中小学生，在欣赏黄山奇美风光时，静心观察和认识黄山美丽的植物，感受大自然的神奇，树立保护野生植物的意识。

本书的编写得到了黄山风景管委会、全球环境基金（GEF）"黄山地区生物多样性保护与可持续利用"项目、安徽省科普作家协会的大力支持；合肥市蜀山区政府尹天然川承担了本书图片编辑工作。本书编写过程中，笔者借鉴和参考了业内部分文献资料，在此对相关作者一并表示感谢！

由于笔者水平有限，疏漏、错误之处在所难免，恳请读者和专家不吝指正！

目　录

第一章　珍稀濒危植物

黄山，地域辽阔，群山起伏，地貌多样，海拔高差 1600 多米，气候多变，自然条件十分复杂，蕴藏了十分丰富的植物物种资源。

据《中国珍稀濒危保护植物名录》显示，在安徽省省域范围内，珍稀濒危植物有 80 多种，其中依据《国家重点保护野生植物名录（第二批）》，属国家一级保护植物的有 8 种，属国家二级保护植物的有 62 种。在全省 80 多种珍稀濒危植物中，黄山至少有 51 种，其中，属国家一级保护的有 5 种，属国家二级保护的约有 46 种。这些都和黄山优越的生态环境、独特的地理位置以及黄山人对黄山的热爱和对植物资源的尽心尽力保护是分不开的。

珍稀濒危植物是指那些与人类关系更密切，具有重要用途，数量十分稀少或极易因对其直接利用和生态环境变化，而处于受严重威胁状态的植物。珍稀濒危植物可以为人类重视自然环境和保护物种提供重要文化和精神支持。

本章精选 10 种具有代表性的黄山珍稀濒危植物，包含：盛名远播的黄山松；历经冰川幸存下来的古老孑遗物种，如银杏、金钱松、南方铁杉、鹅掌楸；稀有而珍贵的物种，如黄山花楸、天女花、华东黄杉、安徽羽叶报春、独蒜兰。其中有 8 种植物为中国特有种。

在黄山植物资源中，珍稀濒危植物具有重要的价值和功能，是黄山独特的景观资源。

第一节　黄山瑰宝——黄山松

黄山松是以黄山命名的两针叶松树，在植物分类上属于松科松属，为我国特有树种。

黄山松树干坚韧，针叶短硬，树形雄伟奇特，树冠平整如盖，苍翠欲滴。黄山松生态适应性极强，或盘根于危岩峭壁之中，或挺立于峰崖绝壑之上，或破石而生，苍劲挺拔，抗风傲霜。

黄山松包括许许多多享誉盛名的奇松：雍容端庄、被视为国宝的迎客松，气势雄伟、虎气凛凛的黑虎松，枝干团簇、同心同德的团结松，一干两枝、情意浓浓的连理松，紧贴悬崖、如挂绝壁的贴壁松，如凤凰展翅的凤凰松，状如麒麟的麒麟松……千姿百态，美不胜收，令人叹为观止。更有那漫山遍野犹如颗颗瑰丽的翡翠镶嵌在黄山群峰之上的无名松，把黄山装点得妙不可言，堪称一绝！

迎客松

　　黄山松为常绿乔木，高可达 30 米，胸径可达 80 厘米；树皮呈深灰褐色，裂成不规则鳞状厚块片；枝平展，老树树冠平顶；针叶两针一束，雄球花圆柱形，淡红褐色，聚生于新枝下部成短穗状。球果呈卵圆形，几乎没有梗，向下弯垂，成熟前绿色，熟时褐色，6～7 年后才从树上落下。

雄球花

球果

树冠平顶

黄山松多生长在海拔 800 米以上的山顶、石隙，常组成单纯林。主要分布于安徽（皖南山区、大别山区）、浙江、江西、湖南东南部及西南部、湖北东部、河南南部海拔 600～1800 米、台湾中央山脉海拔 750～2800 米，以及福建东部（戴云山）、西部（武夷山）的山地。黄山松为喜光、

黄山松
拉丁名：*Pinus taiwanensis*；
松科：Pinaceae；
松属：*Pinus*；
花期：4—5 月；
球果成熟期：10 月。

深根性树种，喜凉润、空气相对湿度较大的高山气候，在土层深厚、排水良好的酸性土及向阳山坡生长良好；耐瘠薄，但生长迟缓。

黄山松在黄山风景区主要分布在北海、天海、玉屏楼、西海、白鹅岭、天都峰、始信峰等地。黄山松为我国特有种。黄山松的分类归属及其名称几经变更：20 世纪 20 年代被发现时，定为油松；1936 年，夏纬英确定为新种黄山松；1956 年，确定为琉球松的变种；1961 年，郑万钧在《中国树木学》一书中将其与台湾松合并。

黄山松材质较马尾松为佳，质坚实，富树脂，稍耐久用，可供建筑、矿柱、器具、板材及木纤维工业原料等用材，树干可割树脂。

扎根于花岗岩石隙中的黄山松

黄山团结松

"奇松"是黄山五绝之一,素有"无石不松,无松不奇"之美誉,人称"奇峰云海峥嵘,苍松破壁挺立,观止三都景色,无愧名山第一"。峰峦之上、峭壁之上、石隙之间,无论多么艰难的环境,都可以看见雄伟苍劲、千姿百态、顽强不屈的黄山松。黄山松象征着中华民族自强不息的精神和意志。

黄山有许多名松,其中被列为世界遗产名录的有32棵。在此,可以欣赏到若干名扬四海、久负盛名的黄山松。

黄山盼客松（李金水 拍摄）

黄山送客松（李金水 拍摄）

黄山探海松

黄山黑虎松

黄山竖琴松

第二节　植物"活化石"——银杏

银杏是现存种子植物中最古老的物种，为中生代孑遗的稀有树种，系我国特产。银杏俗称白果树。其生长较慢、寿命长，寿命可达数千年，从幼苗到结果需要 20 年，大量结果则需要 40 年以上，有"公公栽树，孙子吃果"之说，故又名为公孙树。银杏树高大挺拔，树形优美典雅，叶形奇特，呈扇形，春天里，一把把绿色的"小扇子"在春风中轻摆；到了秋天，满树的金黄，秋风吹过，金黄色的树叶无论是在风中飘零还是铺满大地，都是如此美轮美奂、震撼人心！

银杏

银杏为落叶大乔木，植株可高达 40 米，胸径可达 4 米。世界上最大的一棵银杏树生长在贵州福泉，树龄 5000～6000 年，树高 50 米，胸径 4.79 米，需要 10 多个人方可围抱得过来。叶片呈扇形，有长柄，淡绿色，在短枝上常具波状缺刻，在长枝上常二裂，基部宽楔形，幼树及萌生枝上的叶常较大而深裂，有时裂片再分裂（这与较原始的化石种类的叶相似），叶在一年生长枝上呈螺旋状散生，在短枝上3～8叶呈簇生状。球花雌雄异株，单性，生于短枝顶端的鳞片状叶腋内，呈簇生状；雄球花呈菜黄花序状；雌球花具长梗，梗端常分两叉，每叉顶生一盘状珠座，胚珠着生其上，通常仅一个叉端的胚珠发育成种子，风媒传粉。

秋天里的银杏

春叶

秋叶

雄花

果实

银杏属于裸子植物，没有真正意义上的果实。所谓的银杏果，其实是种子。种子具长梗，下垂，常为椭圆形，外种皮肉质，熟时呈黄色或橙黄色。

成熟果实

相关链接

银杏
拉丁名：*Ginkgo biloba*；
银杏科：Ginkgoaceae；
银杏属：*Ginkgo*；
花期：4月；
球果成熟期：10月。

银杏是银杏科里现今唯一生存在地球上的种类，有植物"活化石"和"植物中的大熊猫"之称，是稀有而珍贵的树种，对于研究裸子植物系统发育、古植物区系、古地理和第四纪冰川气候等有重要价值。

黄山有银杏，但呈零散状分布。在海拔 850 米处的黄山桃花峰天然次生林中，发现有银杏分布。汤口浮溪的溪流旁有两棵银杏树，树龄均超过 500 年。黄山景区的云谷寺附近有两棵已逾千年的古银杏树，一棵树高 26 米多，另一棵树高 19 米多。野生银杏很少见，现在见到的大多为人工栽培的。

第三节 会"长钱"的树——金钱松

金钱松是古老的残遗植物，由于气候的变迁，尤其是冰川作用活跃的更新世时期，全球各地的金钱松几乎遭受灭顶之灾，只有部分在我国的长江中下游的安徽南部、湖南、江苏南部、浙江、江西北部及中部等少数地区幸存下来。金钱松为我国特有种，是单种属植物。金钱松因在深秋季节松叶呈金黄色、簇生且圆如铜钱而得名。

金钱松短枝上的秋叶

金钱松为落叶针叶乔木，树干通直，高可以长到 40 米，胸径可达 1.5 米；树皮粗糙，灰褐色，裂成不规则的鳞片状块片；枝平展，树冠呈宽塔形。一年生长枝呈淡红褐色，二三年生枝呈淡黄灰色；矩状短枝生长极慢。条形的叶片，柔软，镰状，长枝上的叶辐射伸展，短枝上的叶簇状密生，平展成圆盘形，秋后叶呈金黄色。雄球花黄色，圆柱状，下垂；雌球花紫红色，直立，椭圆形，有短梗。球果卵圆形，成熟前淡黄绿色，熟时淡红褐色，有短梗；种子卵圆形，白色。

树干   雌花序

金钱松长枝上的秋叶

| 长枝叶 | 短枝叶 |

金钱松在黄山主要分布在海拔 1200 米以下的光照充足、温暖、多雨，土壤深厚、肥沃、排水良好的酸性土地带中。在慈光阁周边、桃花溪上游、桃园亭及温泉区景区内的山路两侧有分布。

金钱松为我国国家二级重点保护植物。由于生境退化或丧失，金钱松已处在易危状态，被《国家重点保护野生植物名录（第二批）》《中国植物红皮

书》《中国生物多样性红色名录（高等植物卷）》《中国物种红色名录（植物部分）》以及《中国珍稀濒危植物图鉴》所收录。

金钱松为松科，是金钱松属唯一幸存下来的物种，即所谓的单种属植物。金钱松属植物，最早的化石记录是在西伯利亚东西部地区的晚白垩纪地层中发现的，以后在斯匹次卑尔根群岛、欧洲大陆、亚洲中部、美国西部、中国东北部及日

金钱松

拉丁名：*Pseudolarix amabilis*；

松科：Pinaceae；

金钱松属：*Pseudolarix*；

花期：4月；

球果成熟期：10月。

本的古新世至上新世地层中也陆续有发现，可以看出，远古时期金钱松曾遍及世界各地。

金钱松木材纹理通直，硬度适中，材质稍粗，性较脆，可用作建筑、板材、家具、器具及木纤维工业原料等；树皮可提取栲胶，入药（俗称土槿皮）可治顽癣和食积等症；根皮亦可药用，也可作造纸胶料；种子可榨油。金钱松树姿优美，秋后叶呈金黄色，颇为美观，可作庭园树。

第四节　狗尾树——华东黄杉

华东黄杉，又名狗尾树。笔者心中有一个美好的愿望，希望华东黄杉能够像狗尾草一样，具有强大的生命力和适应力，遍布祖国的崇山峻岭，让人们很容易就能目睹其挺拔耸直、雄伟秀美的树姿。然而，华东黄杉现在已成为珍稀濒危物种，被列为国家二级重点保护植物，在安徽的歙县三阳坑和清凉峰（仅存 16 棵）、休宁六谷尖（现存 80 棵左右）有小面积的天然林分布；2016 年在安徽的宁国市甲路镇发现了一片华东黄杉的野生居群，约有 100 棵，估算起来，整个安徽省，野生华东黄杉也不过 200 棵。黄山景区，华东黄杉大树已极少见到，只在罗汉峰和香炉峰之间的云谷寺旁，生长着一棵高达 20 余米的华东黄杉古树，甚是壮观。

华东黄杉（黄山云谷寺旁）

　　华东黄杉为常绿大乔木，高可达 40 米，胸径可达 1 米。树皮呈深灰色，裂成不规则厚块片；叶呈条形，扁平，排列成两列，螺旋状着生枝上；上面绿色，下面有两条白色气孔带。雌雄同株，球果卵圆形，种子三角状或卵圆形。

树干

叶

球果

华东黄杉多生长在海拔800～1600米的山坡谷地，为耐荫树种，喜温暖湿润的气候和土层深厚、排水良好的酸性土壤。其分布于安徽、浙江西南部，以及江西东北部、福建北部等地。在黄山景区，黄杉大树已很少见到，除云谷寺旁

华东黄杉

拉丁名：*Pseudotsuga gaussenii*；

别名：狗尾树、黄杉、浙皖黄杉、短片花旗松；

松科：Pinaceae；

黄杉属：*Pseudotsuga*；

花期：4月；

球果成熟期：10月。

的那棵大树外，三道岭和黄山树木园也生长有华东黄杉的野生种和栽培种。

华东黄杉为我国华东地区特产的稀有珍贵树种，保护好本种，对研究植物区系有重要意义。各分布点应采取措施保护母树，促进天然更新，扩大种植。杭州植物园已引种栽培。

华东黄杉

第五节　坚硬如铁的植物——南方铁杉

　　南方铁杉为松科、铁杉属植物，原为铁杉的变种，现已与铁杉合并。南方铁杉的别名有黑金树、乌铁、浙皖铁杉等，名字听着就那么有"硬"度。之所以冠以"铁"字，是因为南方铁杉的材质纹理细致、坚实耐用，抗腐蚀力非常强，常被用来作为枕木、桥梁、建筑等用材。南方铁杉现已是珍稀濒危物种。黄山景区内，南方铁杉大树已不多见，仅在云谷寺附近保留1棵，树高13米，胸围2.1米，为黄山南方铁杉之最，尽显雄伟挺拔、铮铮铁骨之气概，它与云谷寺古庙前的那一棵华东黄杉遥相呼应，构成了黄山景区中难得而珍贵的稀有濒危植物景观，备受游客喜爱。

南方铁杉

　　南方铁杉为常绿乔木，树高25～30米，胸径40～80厘米。树皮暗深灰色，纵裂，成块状脱落；大枝平展，枝稍下垂，树冠呈塔形；叶条形，排列成两列，叶的背面具有粉白色气孔带，球果卵圆形。

叶　　　　　　　　　　　球果

树干　　　　　　　　　　树冠

　　南方铁杉分布于安徽黄山、浙江、福建武夷山、江西武功山、湖南莽山、广东乳源、广西兴安及云南麻栗坡；常生长于海拔 600～2100 米地带；喜气候温凉湿润、土层深厚肥沃的酸性土壤。

　　黄山景区的南方铁杉呈散生分布，云谷寺山林、二道岭、皮蓬、莲花沟及喜鹊登梅、天海一带有野生种分布。常生长在山谷地的两侧、峰岭悬崖陡壁处，有小面积的纯林与黄山松、褐叶青冈及槭树科植物组成针阔叶混交林。

黄山云谷寺古庙遗址附近的这棵南方铁杉，距今已有 800 年历史，树形雄奇壮丽，冠如华盖，枝繁叶茂，蔚为壮观。更为称奇的是在铁杉枝干上依附生长了一种寄生植物——华东松。每当盛夏时节，一簇簇鲜红色的小花缀满枝头；入秋后，星星点点的小红果散落于长而宽的绿叶丛中，甚是美观。这与南方铁杉自身枝叶、果实特征截然不同。此种"一树两物"现象，珠联璧合，别有趣味。因此，人们把此株南方铁杉与同样有寄生植物现象的、与其遥相呼应的云谷寺华东黄杉古树统称为"异萝松"。

相关链接

南方铁杉

拉丁名：*Tsuga chinensis*；

松科：Pinaceae；

铁杉属：*Tsuga*；

花期：4 月；

球果成熟期：10 月。

南方铁杉是我国特有的第三纪残存树种。现为国家二级保护渐危种。南方铁杉的天然更新能力差，幼苗对生长环境苛刻，需要阳光充足，但过于强烈的光照对其生长有抑制作用。铁杉球果数量少，能够掉落到地面的种子还要经历啮齿类动物的采食考验，因此，林中最下层，南方铁杉的幼苗十分稀少。南方铁杉的物种特性和濒危性需要得到更多的关注。

南方铁杉

第六节　小小马褂树上长——鹅掌楸

　　鹅掌楸为木兰科植物，是我国稀有珍贵树种。鹅掌楸树干高大挺拔，树冠端正，金盏似的花朵别致而典雅；最为奇特的是其叶子的形状，恰似鹅的脚掌，由此而得鹅掌楸之名，又形似古人的小马褂，故又俗称马褂木；又因其花色美丽淡雅，花形似郁金香，故被誉为"中国的郁金香树"。

鹅掌楸

　　鹅掌楸为落叶大乔木，高可达 40 米，胸径 1 米以上。叶马褂状，长 4～12 厘米，近基部每边具 1 侧裂片，先端具 2 浅裂，下面苍白色。

　　花呈杯状，花被片 9，外轮 3 片绿色，萼片状，向外弯垂，内两轮 6 片、直立，花瓣呈倒卵形，绿色，具黄色纵条纹，花期时雌蕊群超出花被之上，心皮黄绿色。聚合果长 7～9 厘米，具翅的小坚果长约 6 毫米，顶端钝或钝尖。

花（正面）　　　　　　　花（侧面）　　　　　　　果实

鹅掌楸枝叶

鹅掌楸喜生长于海拔 600～1400 米的山麓、沟谷中以及气候温和、土壤深厚肥沃的阔叶林中；分布于我国安徽、浙江、江西、福建、湖南、湖北、四川、贵州、云南、广西及陕西等省区，台湾亦有栽培。在黄山景区，主要分布在北坡以及云谷

鹅掌楸

拉丁名：*Liriodendron chinense*；
别名：马褂木、鹅脚板、佛爷树、鸭掌树；
木兰科：Magnoliaceae；
鹅掌楸属：*Liriodendron*；
花期：4—5月；
果期：10月。

寺、三道岭、眉毛峰、慈光阁等海拔 950～1100 米的地带中，常与小叶青冈混生。景区的南大门至温泉景区的公路两侧以及庭院周围有一些栽培。

鹅掌楸为我国特有珍稀濒危物种，为国家二级重点保护植物；为古老的孑遗植物，在日本、格陵兰、意大利和法国的白垩纪地层中均发现化石，到新生代第三纪本属尚有 10 余种，广布于北半球温带地区，到第四纪冰期才大部分绝灭，现仅残存鹅掌楸和北美鹅掌两种，成为东亚与北美洲际间断分布的典型实例，对古植物学和植物系统学有重要科研价值。

鹅掌楸为世界珍贵的观赏树种。受自身繁殖特性的制约，加之近年来的乱砍盗伐，以及人类活动对其原始栖息地环境的破坏，鹅掌楸的生存受到了极大的威胁，正一步步走向濒临灭绝的境地，急需加大保护力度。

鹅掌楸的用途非常广泛，木材材质纹理直、结构细、不易变形、易加工，是建筑、造船、家具、乐器等上好用材；叶和树皮可入药，祛风湿；树形高大，树干挺直，树冠呈伞形，叶形奇特、古雅，为世界最珍贵的观赏树种之一。

鹅掌楸

第七节 云中仙女——天女花

天女花株形优雅，枝叶茂盛；花色洁白淡雅，花香扑鼻，一花九瓣，微微开放，花梗细长，花朵随风摇摆，如天女着轻纱，翩翩起舞，故而得名"天女花"。它是高山地区稀有而珍贵的观赏植物，有"云中仙女"之称。

天女花（周鎏 拍摄）

天女花为落叶小乔木，高可达 10 米。叶膜质，倒卵形。花于叶后开放，白色，芳香，杯状，盛开时呈碟状，直径 7～10 厘米；花梗长 3～7 厘米，花被片 9，近等大，雄蕊紫红色，雌蕊绿色。聚合果熟时呈红色，倒卵圆形或长圆形，长 2～7 厘米。

叶　　　　　　　　　　花　　　　　　　果实

天女花是典型的高山耐寒植物，常生长于海拔 1300～1700 米的阴坡及湿润的山谷地带。其分布于安徽、浙江、江西、辽宁及广西西北部。

天女花是黄山景区颇受游客青睐的稀有名贵花木之一，景区内的观花点主要在北海景区的散花坞、天海景区的排云楼、十八道弯、百步云梯以及从松谷庵到狮子林的沿途。

相关链接

天女花
拉丁名：*Oyama sieboldii*；
别名：小花木兰；
木兰科：Magnoliaceae；
天女花属：*Oyama*；
花期：5—6月；
果期：8—9月。

天女花

天女花是珍贵而稀有的古老物种，属于渐危种，也被称为植物王国的活化石，对于探讨木兰科植物在植物区系中的发生、发展和演化，具有极其重要的科学研究价值。天女花分布较广，从东北到广西都有分布，呈间断性分布，只生长在高山的密林深处，种群数量小，加之人类对森林的开发造成生境恶化，天女花的生存正面临威胁。目前，黄山风景区已成功人工培育出天女花的幼苗，并逐步在景区推广栽种，以美化黄山，让更多的游客欣赏到美丽的天女花。

天女花的花可提取芳香油；也可入药，制作浸膏。天女花也是优良的材用植物，木质光滑、细腻、防腐、不开裂，用它制作的乐器音质悦耳；用它制作的家具散发着淡淡的清香，盛放粮食、存放衣服，不易生虫，具有天然的驱虫、防腐作用；用它雕刻的工艺品更是小巧玲珑、新颖别致。

天女花

第八节 春花洁白 秋果红艳——黄山花楸

黄山花楸为中国特有种，是我国重点保护植物，稀有而珍贵。黄山花楸主产于黄山，因其模式标本采自安徽黄山而得名。

　　黄山花楸树形优美，枝叶婆娑，每年春天，盛开白色密集的花朵，到了秋天，红色的果实挂满了枝头。

　　黄山花楸在黄山风景区主要分布在1100～1700米的山脊、岩缝、沟谷或陡坡处，常与黄山栎、黄山松、黄山杜鹃、南方六道木等伴生，组成山地矮林或灌丛。

春花　　　　　　　　　　　　　　秋实

　　黄山花楸为落叶小乔木，高可达10米，小枝粗壮，圆柱形，具皮孔。奇数羽状复叶，小叶片5～6对，基部的一对或顶端的一片稍小，基部圆形，两侧不等，一侧甚偏斜，边缘自基部或三分之一以上部分有粗锐锯齿。复伞房花序顶生，花白色，密集，花瓣宽卵形，果实球形，红色。

叶　　　　　　　　　　　　　　花

果

　　黄山花楸是20世纪60年代发现的中国特有种，野生植株分布稀少，已被列入《中国植物红皮书》名录。其仅残存于狭小范围内，植株稀少，多成疏散的孤立木，种子的可孕率低，天然更新能力差，幼树极少见，有逐渐衰退的迹象，为我国重点保护的渐危种植物。

黄山花楸

拉丁名：*Sorbus amabilis*；
蔷薇科：Rosaceae；
花楸属：*Sorbus*；
花期：5～6月；
果期：9—10月。

黄山景区的黄山花楸常生长于海拔1000～1800米的中亚热带山地常绿落叶阔叶混交林、落叶阔叶林、黄山松林、落叶灌丛、山地灌丛草地或杂木林内，多见于林冠空隙或林缘阳光充足的地方，与黄山松、黄山栎、黄山杜鹃、灯笼树等混生。景区观赏点有：天门坎、眉毛峰、中刘门亭、皮蓬、西海门、白鹅岭、光明顶、莲花峰、狮子林、始信峰等。

黄山花楸树姿优美，枝叶婆娑，花朵密集洁白，果实艳丽，是园林观赏的珍品。在风景林中栽植数株黄山花楸，可使园林增色。

黄山花楸的树皮可提取栲胶，果可食及酿酒，也可造纸。其材质硬、细，木材可供建筑、家具之用等。

黄山花楸茎皮及果实均可入药。果实有健胃、补虚之效，可治虚劳、支气管炎、胃炎及维生素 A、维生素 C 缺乏症；茎皮苦寒，有清肺、止血作用，主治哮喘、咳嗽等症。

生长于崖壁缝隙中的黄山花楸

第九节　只把春来报——安徽羽叶报春

　　每年的阳春三月时节，当你在黄山风景区及其周边山里游玩时，不经意间就会发现，在山坡上、小溪边、山路旁的草丛或阴湿石缝中，一簇簇淡粉紫色的小花正悄悄地盛开着，或成丛，或成小片，星星点点又生机盎然，似乎在告诉你春天已经来了。这可爱而珍贵的植物就是安徽羽叶报春。

安徽羽叶报春及其生境

　　安徽羽叶报春为二年生的草本植物，高可长到 15 厘米。有 10 枚以上的基生叶，叶片的轮廓矩圆形，二回羽状全裂，羽片为 7～9 对。纤细的花葶直立，稍高出叶丛；伞形花序 1～2 轮，每轮 2～3 花；花冠白色或微带粉紫色，花冠筒喉部稍膨大，冠檐先端 5 裂，蒴果近球形。

相关链接

安徽羽叶报春
拉丁名：*Primula merrilliana*；
报春花科：Primulaceae；
报春花属：*Primula*；
花期：3—5月；
果期：5—6月。

叶　　　　　　　　花

伞形花序

安徽羽叶报春是安徽特有种。模式标本采自安徽歙县的桃岭。喜生长于海拔 800～1100 米的山谷、沟边、林缘、路边草丛和阴湿的岩缝中。主要分布在皖南山区的黄山、歙县、旌德、泾县及浙江与安徽接壤的部分山区，在黄山景区主要分布在温泉区、桃花峰、汤口浮溪、太平湖等。随着海拔高度增加，花期会逐渐推迟。近年来，由于人类活动的影响，其生境退化或丧失，野生种群分布范围和种群数量日益减少，现已被《中国生物多样性红色名录

（高等植物卷）》收录，列为易危（VU）等级。

安徽羽叶报春开花早，花期较长，花朵多且美丽，清新而又热情奔放，在保护其野生种质资源的同时，将其作为新型观赏花卉资源，具有较好的开发前景。

第十节　一叶一花几春秋——独蒜兰

独蒜兰是中国特有种，为多年生半附生草本植物。每年的春天，在黄山海拔 600 米以上的苔藓覆盖、富含腐殖质的岩壁上，独蒜兰悄悄盛开，一叶一花，一绿一粉红，生机盎然，尽显春的韵味。当深秋来临，叶子落下，以地下假鳞茎度过寒冷的冬天，等待着来年的春天。

其实，独蒜兰并不常见，不经意间，你就会错过一睹其芳容的机缘。在领略黄山奇松、云海、怪石等奇美风景时，我们更应该停下脚步，欣赏和了解黄山的奇花异草，感受一下生命的力量。

独蒜兰及其生境

独蒜兰的假鳞茎卵形，上端有颈，顶端生出 1 枚叶片，叶窄，椭圆状，披针形，叶片薄，基部收狭成叶柄，抱花茎，花与叶同出，花茎通常顶生一朵花，偶尔会生出两朵花，只是很难见到。花大，呈粉红色或淡紫色；花瓣呈倒披针形，稍斜歪，唇瓣呈倒卵形，3 微裂，有深色斑；蒴果近长圆形。

花（正面）

花（侧面）

独蒜兰是国家二级保护植物，已被《中国珍稀濒危保护植物名录》《国家重点保护野生植物名录（第二批）》《中国物种红色名录（植物部分）》《濒危野生动植物种国际贸易公约》收录，属于珍稀濒危物种。

叶

独蒜兰的繁殖方式主要有两种：昆虫传粉及假鳞茎每年的更新发芽。

为吸引传粉昆虫，独蒜兰的唇瓣上常着生有褶片状的附属物，这些褶片、毛、胼胝体等附属物会与逐渐缩小的唇瓣基部围合成一个通道，引导传粉昆虫进入花朵的喉部，蕊柱在通道的正上方，但雄蕊的花粉块很难散开，传粉昆虫从通道进入花朵深处时，碰触到蕊柱，从而顶开药帽，使得花粉块黏附在昆虫背部被带走或者对柱头进行授粉。花朵的唇瓣上的深色斑向传粉昆虫传递一种视觉信号，吸引它们前来授粉。

独蒜兰花期较短，个体花期通常只有 25～32 天，且昆虫传粉受天气等因素制约，导致独蒜兰在自然状态下结实率较低。为了使种群得以延续，它们不得不采用其他的繁殖方法。独蒜兰是多年生草本植物，但它的假鳞茎却会每年更新，当年生长的假鳞茎会在开花之后将营养转移给花梗基部膨大起来的新假鳞茎，同时，上一年与花芽同时形成的还有一个叶芽会在花后逐渐膨大起来，这样一个假鳞茎在生长期结束的时候会形成两个相对较大的新假鳞茎，作为来年新的生长中心，每一个新的假鳞茎又会发 1～3 个芽。

独蒜兰

拉丁名：*Pleione bulbocodioides*；

兰科：Orchidaceae；

独蒜兰属：*Pleione*；

花期：2—5月；

果期：7—9月。

独蒜兰常生长于海拔 600～1800 米的常绿阔叶林下或灌木林缘腐殖质丰富的土壤上或苔藓覆盖的岩石上，在黄山的云谷寺到狮子林途中、浮溪的山坡林下及岩壁上有分布。

独蒜兰除了具有极高的观赏价值外，药用价值也很高。独蒜兰是我国药典中"山慈姑"的来源植物。其假鳞茎有小毒，可药用，能清热解毒、消肿散结，主治痈肿疔毒、淋巴结结核、毒蛇咬伤，也具止血功效。正是它的药用价值，使得我国各地分布的野生独蒜兰被过度盗采，加之栖息地被破坏，野生独蒜兰种群延续面临极大的挑战。

独蒜兰

第二章 药用植物

　　黄山地域广阔，地形复杂，山高林密，森林生态系统完整，是天然的绿色宝库。森林无处不是宝，黄山独特而优越的自然环境，孕育了丰富的野生植物资源，有高等植物 1800 多种，其中可供药用的约 1000 种。

　　药用植物是指含有药用成分、具有医疗用途、可用于开发植物性药物（主要包括中草药类、化学药片原料类和兽药类）的一类植物。

　　本章选择了 10 种具有代表性的黄山野生药用植物，包括草本、木本和藤本植物。其中有传统药用植物（如凹叶厚朴、百合等），也有药食两用植物（如中华猕猴桃、木通、葛等）；有珍稀濒危植物（如黄山黄连），也有常见广布的种类（如葛、薜荔）。这些植物同样具有很高的观赏性。

　　我国是世界上最早利用植物防治疾病的国家之一，对药用植物资源的探索和利用已有几千年的历史。但由于长期不合理的、掠夺式的采挖，加之垦荒、毁林等人类活动，野生植物栖息地遭受巨大的破坏，分布区越来越小，野生植物种群数量难以恢复，使许多药用植物资源急剧减少，珍稀药用植物踪迹难觅，甚至到了濒临灭绝的境地。

　　黄山有着丰富的野生药用植物资源，在开发利用时，必须严格依法依规，严禁任何形式的私采乱挖；严格遵循物种保护、资源合理利用的原则，保护好野生植物资源的多样性、再生能力及其栖息环境，从而实现黄山野生药用植物资源的可持续利用。

第一节　凉粉果——薜荔

薜荔的果实形状很像无花果，常常攀附在村庄前后、山脚、山窝、沿河沙洲、公路两侧的古树、大树和断墙残壁、古石桥、庭院围墙上等，枝繁叶茂。在黄山及皖南山区等地方较为常见。

宋代梅尧臣在《和王景彝咏薜荔》诗中写道："植物有薜荔，足物有蜥蜴。固知不同类，亦各善缘壁。根随枝蔓生，叶侵苔藓碧。后凋虽可嘉，劲挺异松柏。"这是古人对薜荔及其生活习性最为形象的描述了。

薜荔的生长环境

薜荔为常绿攀缘性灌木或木质藤本，有乳汁。叶子很独特，为两型叶：生于果枝上的叶革质，大而厚，呈卵状心形，全缘，长可达 10 厘米，节上无不定根；不结果的枝条上叶小而薄，基部稍不对称，全缘，叶柄很短，节上生有不定根。

生于果枝上的叶较大

生于营养枝上的叶较小

相关链接

薜荔

拉丁名：*Ficus pumila*；
桑科：Moraceae；
榕属：*Ficus*；
花期：6月；
果期：10月。

薜荔的花序托单生于叶腋，为隐头花序。薜荔的隐花果较大，呈梨形或倒卵形，直径约 4 厘米或更大，有黏液。

果枝

隐花果

剖面（刘冰 拍摄）

薜荔又名凉粉果、凉粉子、木莲、木馒头、鬼馒头等，分布于我国长江流域及其以南大部分省区。

自古以来，人们就从药用、食用及景观观赏方面对薜荔进行了开发利用。薜荔的藤叶可以入药，具有祛风、利湿、活血、解毒之功效，可治疗湿痹痛、泻痢、淋病、跌打损伤等。薜荔的果实可以制作凉粉食用：将其浸泡于水中，揉搓至黏稠膏冻状，用来制作类似凉粉的小吃，美其名曰"木莲羹"，浇糖水食用，晶莹剔透，细嫩，清凉解暑。

认识薜荔的人常有这样的困惑：只看见过其果实，为什么从没有看到它开花呢？其实，薜荔是开花的，只不过它的花朵隐藏在肥大的囊状花托里，这就是隐头花序。隐头花序的内壁（即花托）上长有许多花。隐头花序有两种：一种开雄花和瘿花，另一种只有雌花。雌花是具有结实能力的花朵。而瘿花虽与雌花同源，但已特化，不能结果实，只供膜翅目昆虫"榕小蜂"在里面产卵，且与雌花不在同一个花序里，即不在同一棵树上。当昆虫进入开雄花和瘿花的花序内，瘿花的柱头很短，正好适合榕小蜂产卵器的长度，榕小蜂可以在每一个瘿花的子房里产卵，同时身上沾满了花粉；当它再飞入开雌花的隐头花序里时，由于雌花的花柱很长，而榕小蜂的产卵器较短，无法通过柱头向子房产卵，它在寻找瘿花的过程中，就把身上的花粉涂在长长的花柱上了，由此完成了对雌花的传粉；同时榕小蜂也耗尽了体力，带着满腹的虫卵死在了花序里。这就是植物薜荔与动物榕小蜂之间，通过长期的协同进化，形成一对一的专性互利共生关系。

与薜荔同为榕属植物的无花果是人类最早栽培的果树树种之一，原产于地中海沿岸地区，也有与薜荔相似的动植物协同进化的关系。当然，现在人工栽培的无花果树，已经不需要传粉小蜂，而是靠无融合生殖，即可结果的、人工

无花果

拉丁名：*Ficus carica*；
桑科：Moraceae；
榕属：*Ficus*；
花果期：5—7月。

选择的品种。只有在它的原产地地中海地区才能找到它的共生小蜂。这样我们在品尝无花果的美味时，就不用担心把昆虫也一起吃下去了。

无花果

隐头果

果实剖面

第二节 "良药苦口"——黄山黄连

人们对黄连的认知，大概是来自医生针对急性细菌性疟疾、肠胃炎开出的药方"黄连素片"，那一粒小小的黄色药丸，让你真切地品味到了什么是苦。民间习语"哑巴吃黄连，有苦说不出"，也会勾起你对苦的联想。

然而，你见过黄连吗？要真正了解黄连，仅仅知道它的苦是不够的。

黄连是中国特有种，黄山黄连是短萼黄连的别名，为黄连的变种，二者均已被列入《国家二级重点保护植物名录》中。由于人们长期私挖乱采，野外已难觅其踪迹了。

黄山黄连及其生长环境

黄山黄连为多年生草本植物。其根状茎细长，柱形，有许多节，横断面是金黄色的，密生着很多的须根。薄革质的叶片全为基生，卵状三角形，叶柄较长，掌状三全裂，中央的裂片呈菱状卵形，羽状深裂，边缘具有细刺尖的锐锯齿，侧裂片斜卵形，不等二深裂。花很小，白绿色，3～8朵花着生在花莛上，组成聚伞花序，高达25厘米；花的萼片黄绿色，披针形，较短，仅比花瓣长 1/5～1/3，以此区别于黄连原种；花瓣线状披针形。果实为蓇葖果，长 6～8 毫米。

须根　　　　　　　根状茎　　　　　　　　叶

花　　　　　　　　　　　　果

黄山黄连生长于海拔 600～1600 米的沟谷林下阴湿地、溪水岩隙间；喜阴湿环境，忌高温干旱、强光，较耐寒。

黄连在黄山风景区主要分布于云谷寺至狮子林途中、刘门亭的落叶阔叶林下，以及西海门落叶林下海拔 1400～1600 米处。

黄山黄连为中国特有植物，是国家二级保护植物，已列入《中国珍稀濒危保护植物名录》《国家重点保护野生植物名录（第二批）》《中国物种红色名录（植物部分）》。黄山黄连是濒危物种，野生种群几乎绝迹。导致其濒危的因素主要是：山区的开荒种地，如薪炭林、园艺观赏以及燃料的需求对黄山黄连栖息地的威胁严重，以及无节制地违法采挖。为此，需要加大物种保护宣传力度，采取强有力的保护措施，严禁违法私采盗挖；采取就地保护以及人工繁育措施，建立黄连生产基地，以满足市场对黄连的需求。目前，黄山黄连的分布区内已建设有歙县清凉峰、黄山、井冈山、武夷山、凤阳山、花坪等自然保护区，并将其列为重点保护对象。

黄连之名始于《神农本草经》，黄连在该书中被列为上品。《本草纲目》记载："其根连珠而色黄，故名。"这里的"根"其实指的是黄连的根状茎，为著名的传统中药，药用历史久远，药效显著，驰名于世。黄山黄连的根状茎含有小

相关链接

黄山黄连

拉丁名：*Coptis chinensis* var. *brevisepala*；
别名：短萼黄连、土黄连、鸡爪黄连；
毛茛科：Ranunculaceae；
黄连属：*Coptis*；
花期：2—3月；
果期：4—5月。

檗碱、黄连碱和甲基黄连碱等多种生物碱，味苦，性寒，有清热泻火、解毒等功效，可治急性结膜炎、急性细菌性痢疾、急性肠胃炎、吐血、痈疖疮疡等症。

《名医别录》上说："黄连生巫阳及蜀郡大山，二月、八月采。"我国自古以来即以四川一带的黄连及长江流域下游一带的黄山黄连一并药用。我国宋代以前的方书上含有黄连的方剂约占5％。清代赵瑾叔在其所作《本草诗》中写道："黄连鸡爪重川西，作颂江淹有品题。脏毒疮疡除痛楚，心疼蛔厥止悲啼。木香共用肠无痢，人乳同蒸眼不迷。试问苦寒谁可制，盐汤姜汁酒和醯（xī）。"作者用诗歌的形式描述了黄连的作用和功效。

关于黄连名字的由来，民间还有一个传说。相传很久以前，石柱县黄水坝老山上的村子里有位姓陶的医生，他妻子生下二男二女。有一年遇天灾，妻子和两个儿子相继病死。因家境贫寒，无力抚养，他只好将大女儿送给了别人，只留下幺女。陶医生雇请了一名叫黄连的帮工，替他栽花种草药。黄连心地善良，勤劳憨厚。

一年春天，陶幺女外出踏青，忽然在山坡上发现一种野草，其叶边沿具有针刺状锯齿，长着黄绿色的小花。她顺手拔起这些野草，乍看草根节形似莲珠，或似鸡爪，她兴奋地将其带回家种在园子里。黄连每次给花草上肥浇水，也没忘记给那野草一份。天长日久，野草越发长得茂盛，葱绿滴翠。

次年夏天，陶医生外出治病，十多天没回家，其间，陶幺女卧病在床，厌食不饮，一天天瘦下去。陶医生的几位同乡好友煞费苦心，想尽办法也没治好陶幺女的病。黄连心想：陶姑娘在园子里种下的开黄绿色小花的野草，可否用来试一试？于是，他就将那野草连根拔起，洗干净，连根须一起下锅，煮了一会儿，锅中的野草和汤全都变成黄色了。黄连拿起汤勺舀了一碗，正

想给幺女送去，突然想到：万一有毒，岂不是害了陶姑娘？不如自己先尝一下，只要自己没被毒死，就让陶姑娘喝这汤。他随即一饮而尽，只是觉得味道好苦。隔了两个时辰，黄连见自己还活着，方信这野草无毒，这才端一碗让陶幺女服下。说来也怪，陶幺女喝下这野草汤，病竟然就好了，她对黄连说："这是一味好药，就是太苦了。"陶医生回家闻知此事后，为感激帮工救了他女儿的命，便以帮工之名"黄连"命名此药。从此，"黄连"之名便流传了下来，成了一味泻火、止痛的名药。

第三节　美丽而有毒的植物——黄山乌头

黄山乌头花甚是美丽，清人吴其浚在《植物名实图考》一书中有过较生动的描述："其花色碧，殊娇纤，名鸳鸯菊，《花镜》谓之双鸾菊，朵头如比丘帽，帽拆，内露双鸾并首，形似无二，外分二翼一尾。"然而，黄山乌头全草有毒，尤以块根毒性最大，含有乌头碱等多种生物碱，切不可食用。

黄山乌头为多年生直立草本。块根呈倒圆锥形；单叶互生，其叶质地较薄，草质，卵为圆状五角形，掌状3全裂，中央全裂片顶端渐尖或长渐尖，小裂片较狭，顶端渐尖或长渐尖，齿牙状小裂片较多而狭；茎下叶在开花期枯萎；茎中部有长叶柄。顶生总状花序形似伞形花序，花序轴极短，花两性，对称；萼片5，花瓣状，蓝紫色，上萼片高盔形，侧萼片2，近圆形，下萼片2，近长圆形，较小；花瓣2，顶端微凹，具距，常拳卷；蓇葖果有网脉。

黄山乌头（李金水 拍摄）

叶	花

花序	果实

相关链接

黄山乌头

拉丁名：*Aconitum carmichaelii* var. *hwangshanicum*；

别名：吓虎打、华东乌头；

毛茛科：Ranunculaceae；

乌头属：*Aconitum*；

花期：9—10月；

果期：10月。

黄山乌头为乌头的变种，常生长于海拔600～1700米的山地和路旁草丛中，分布于安徽黄山、江西东北部、浙江西北部，在黄山风景区内主要分布在桃花峰、温泉至汤岭关途中，尤其在文殊院、狮子林、清凉台下、黄山茶林场等较为常见。

黄山乌头的块根可药用，治跌打损伤、无名肿毒等症，还可作箭毒。

花美丽而奇特，可供观赏。

我国劳动人民利用乌头的历史也较悠久，《神农本草经》将乌头列为下品。据有关文献记载，乌头在四川彰明、江油等地已有近千年的栽培历史。现在乌头、附子的主产区仍是四川江油、平武一带。

野生乌头的植株有两个块根，经过栽植后块根数目增多，这些块根过去被给予不同名称，并且各有不同的医疗用途。通常药用商品主要是栽培品，主根（母根）加工后称"川乌"，侧根（子根）加工后则称"附子"，所含的化学成分有次乌头碱、乌头碱、新乌头碱、塔拉地萨敏、川乌碱甲、川乌碱乙等化合物。

南北朝梁代的大医学家陶弘景曾指出："乌头与附子同根，附子八月采……乌头四月采。"明朝大医学家李时珍也指出："初种为乌头，象乌之头也；附乌头而生者为附子，如子附母也。乌头如芋魁，附子如芋子，盖一物也。""草乌头取汁晒为毒药，射禽兽，故有射网之称。"乌头也可作土农药，可用来消灭农作物的一些病害和虫害。

第四节　八月里的野生水果——木通

木通在黄山是一种较常见植物。木通的果实每年在中秋节前后成熟，成熟后外皮呈暗紫色，纵裂开来，露出里面的白色果肉和种子，故俗称"八月炸"。其果味香甜，鲜嫩多汁，风味独特，酥软细滑，堪称上乘的野生水果，也是传统药用植物。

木通

　　木通为落叶缠绕木质藤本，长可达数米；有长枝和短枝之分，光滑无毛；叶簇生于短枝上，小叶5片，倒卵形，先端微凹入，有一细短尖，全缘。花单性，没有花瓣，花萼片呈花瓣状；雌雄同株，腋生于下垂的总状花序，雄花紫红色，生于花序上部，雌花暗紫色，生于花序下部，花开的季节里，花朵缀满藤蔓，花有香气，散发着淡淡的似巧克力的芬芳。浆果肉质，浆果状，孪生或单生，长椭圆形，有许多黑褐色种子，呈不规则的多行排列，着生于白色、多汁的果肉中。

花序

雄花

雌花

果实

木通
拉丁名：*Akebia quinata*；
别名：野木瓜、八月炸藤、野香蕉、山黄瓜；
木通科：Lardizabalaceae；
木通属：*Akebia*；
花期：4—5月；
果期：8—9月。

　　木通多生长于海拔300～1500米的山地灌木丛、林缘和沟谷中；较常见，长江流域各省均有分布，在黄山主要分布于温泉至慈光阁、黄山茶林场、浮溪沟谷。

木通家族在黄山仅有两个种，虽然"人丁"不是很兴旺，但木通家族成员在科学研究、园林绿化、食用、药用等方面具有很重要的价值。

在科学研究上，木通是研究两性花向单性花转变，并具有单性花功能的关键类群。

在园林观赏上，木通的植株枝叶茂密、花形独特、花香宜人。叶片五小叶或三小叶围成一圈，形态丰富；适应性强，对土壤要求不高，很容易种植；具有很高的观赏价值。

在食用上，木通成熟后，果皮会自然炸裂开来，果实味道独特、营养价值高，是一类别具风味的药食兼用的世界第三代水果珍品。

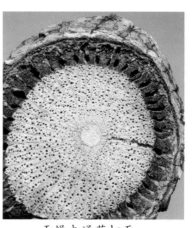
干燥木通茎切面

在药用上，茎、根和果实药用，利尿、通乳、消炎，治风湿关节炎和腰痛；《神农本草经》称木通为山通草，因为它的茎有细孔，并且两头皆通。而《救荒本草》把木通叫作野木瓜，看重的是它的食用功能。"通则不痛，痛则不通"，木通是名副其实的通利九窍、疏通血脉关节的宝物。

木通种子可榨油，可制肥皂，含油率达 20%。木通是阴性木质藤本植物，喜阴湿，也较耐寒，可种于庭院中作为观赏植物。

狭义的木通，是特指本节所述的掌状复叶、5 小叶的木通；而广义的木通，一般指木通、三叶木通和长序木通。长序木通在黄山没有分布，但三叶木通在黄山是较常见的物种。

三叶木通

三叶木通为落叶木质灌木，叶为三出复叶，小叶片边缘有波状齿，或呈波状；花为暗紫红色；果为长圆形，直或稍弯，成熟时为灰白略带淡紫色；种子极多。

相关链接

三叶木通

拉丁名：*Akebia trifoliata*；
别名：香蜜果、八月炸、中华圣果；
木通科：Lardizabalaceae；
木通属：*Akebia*；
花期：4—5 月；
果期：7—8 月。

　　三叶木通喜生长于海拔 250～2000 米的山地沟谷边疏林或丘陵灌丛中，缠绕在树上。分布于安徽、河北、山西、陕西、山东、河南、甘肃和长江流域以南各省，在黄山风景区内主要分布在温泉、浮溪沟谷、黄山茶林场、慈光阁、松谷庵等的混交林下。

　　三叶木通是传统药用植物，根、茎和果供药用；根和茎藤有舒筋活络的功效，治疗风湿骨痛；茎叶可制作农药，杀棉蚜虫。果实有止渴、利尿、下乳的功效。果实味甜，可食用。

三叶木通

花序

果实

第五节 "致富树"——凹叶厚朴

凹叶厚朴是木兰科植物，为我国著名的药用植物，其树皮、树根、花、种子及芽都可以入药，有化湿导滞、行气平喘、化食消痰、祛风镇痛、明目益气的功效。种子可以榨油，含油量 35%，出油率 25%，可制肥皂。木材材质轻软，纹理细致，易加工，是制作图版、家具、乐器、细木工等的良材。叶大形奇，花大美丽，芬芳宜人，是一种较为稀有且奇特的观赏树种。可以说凹叶厚朴全身都是宝，是名副其实的"致富树"。

凹叶厚朴（叶片聚生枝端）

凹叶厚朴为落叶乔木，可以长到 20 米高；树皮厚，褐色，不开裂；最为奇特的是叶片很大，最长可达 45 厘米，宽可达 24 厘米，呈长圆状倒卵形，先端凹缺，成 2 钝圆的浅裂片，基部楔形，令人想起铁扇公主的芭蕉扇，4 厘米长的叶柄粗硬，大概就是"芭蕉扇"的扇柄了；常常 7～9 片叶子聚生在枝端，形成一个大圆，像一朵盛开的绿色大花；凹叶厚朴的花大，可达 15 厘米，花朵洁白，芳香浓郁；大大的聚合果呈长圆状卵圆形，成熟时是红色的。

| 树皮 | 叶 | 花 |

果实　　　　　　　　　枯叶与落果

凹叶厚朴常生长在海拔 800 米以下的山地林间，喜欢凉爽、湿润的气候，不适于严寒、酷热。其分布于安徽、浙江西部、江西庐山、福建、湖南南部等地。

凹叶厚朴的天然林在黄山分布很少，极难见到大树，只在海拔 900 米左右有充足光照，土壤湿润、肥沃、排水良好的山麓林缘有零星的分布，

相关链接

凹叶厚朴

拉丁名：*Houpoea officinalis*；

别名：厚朴、庐山厚朴、厚皮、赤朴；

木兰科：Magnoliaceae；

厚朴属：*Houpoea*；

花期：4—5月；

果期：10月。

野生凹叶厚朴多混生于落叶阔叶林内。在黄山风景区的居士林、慈光阁附近、揽胜桥附近，黄山茶林场以及黄山树木园等地可看见人工栽植的幼树。

凹叶厚朴生长周期较长，一般需要生长 15 年以上才可以砍伐剥皮供药用，长期的砍伐对其资源的破坏相当严重，许多传统产区已无皮可产、无花可收，许多优良的种质资源在逐渐消失。

凹叶厚朴为我国特有的珍稀树种，为国家二级保护植物。为加大对凹叶厚朴的保护，国家已将其列入《国家重点保护野生植物名录（第二批）》《中国植物红皮书》《中国珍稀濒危植物图鉴》中。凹叶厚朴是木兰科植物中较原始的种类，对研究东亚和北美的植物区系以及木兰科植物分类有较高的科学价值。

凹叶厚朴

第六节 "叶断丝连"——杜仲

人们对"藕断丝连"这个成语的由来及其含义是再熟悉不过的了，自然界中还有一种大树的叶子也有类似的现象，能够"叶断丝连"，这种植物就是杜仲。然而，二者的"断而丝连"的形成原理是不一样的。"藕断丝连"是由于莲藕输送水分和养分的导管壁很特别，增厚的部位呈螺旋状，植物学上称其为环状管壁，这种结构和拉力器上的弹簧很相似。莲藕一旦被折断，导管内壁增厚的螺旋部位就会脱离，形成螺旋状的细丝，其直径只有几微米。这些细丝在外力的作用下，会变成一根根被拉长的"微型弹簧"，在一定的弹性限度内不会被拉断。而杜仲的"叶断丝连"是因为其含有橡胶，叶折断拉开后形成银白色的细胶丝，其强度远大于莲藕的细丝，不仅叶子，杜仲的树皮、枝条、翅果折断拉开后也都有胶丝。

杜仲叶、枝条、树皮（折断后的胶丝）

杜仲为落叶乔木，可高达 20 米。树皮为灰褐色；椭圆形的叶子互生，为暗绿色，边缘长有细锯齿；花单性，为雌雄异株植物，通常先开花后长叶，有时花与叶一起迎接春天。果实为翅果，椭圆形，扁平状，先端下凹，形成 2 裂。

杜仲

拉丁名：*Eucommia ulmoides*；
别名：思仲、扯丝皮、鬼仙木、思仙；
杜仲科：Eucommiaceae；
杜仲属：*Eucommia*；
花期：4—5月；
果期：10—11月。

叶

翅果

杜仲常生长于海拔 600 米以下低山、谷地或低坡的天然杂木林中，喜温凉、湿润、阳光充足以及土壤深厚、疏松、排水良好的环境。其主要分布于陕西、甘肃、河南、湖北、四川、云南、贵州、湖南、安徽及浙江等省区。

在黄山，野生状态的杜仲现已很少见了。岗村有野生杜仲，汤口、浮溪、黄山树木园有栽培杜仲。

杜仲是我国特有的单种科、单种属植物，在研究被子植物系统演化上有非常重要的科学价值。杜仲是很古老的植物物种，是地质史上残存下来的孑遗植物。杜仲有很丰富的化石记录，来自日本的始新世的杜仲化石，与银杏、水杉、水松等植物相伴而生。对杜仲化石的研究表明，其分布范围在第三纪经历从狭小到广布然后又退缩的过程。距今 200 多万年的地球经历第四纪冰川侵袭，此后，杜仲在世界其他区域彻底消失；而中国中部地形复杂，阻挡了冰川，使少量的杜仲有幸保存下来，成为世界上杜仲的唯一幸存之地。

杜仲

杜仲的树皮是著名的传统中药材。干燥树皮和叶均可入药，分别称为杜仲和杜仲叶。杜仲为补虚药，性温、味甘，有补肝肾、强筋骨、安胎之功效，用于治疗肾虚腰痛、胫骨无力、妊娠漏血、胎动不安、高血压等症；杜仲叶性温、味微辛，具补肝肾、强筋骨之功效，可用于治疗肝肾不足、头晕目眩、腰膝酸痛、筋骨萎软等症。此外，杜仲还能促进新陈代谢，防止航天员在太空失重状态时所造成的骨骼和肌肉衰退。

杜仲在全世界仅此一个种，加之杜仲栽培生长年限很长，供不应求，为紧缺药材之一，亟待加以重点保护与科学合理利用。凡有杜仲自然分布的地区，都应重视保护，建立母树林，严禁乱砍滥伐，改进剥皮技术，控制树皮收购数量。生产单位应积极开展育苗造林，扩大种植面积。

杜仲可谓全身都是宝，除上述药用价值，全株除木质部，各部分均含有硬橡胶，绝缘性强、抗酸、碱性强，可制造耐酸、碱容器及管道的衬里；能抗海水的侵蚀，是制造海底电缆的重要原料。杜仲是我国除三叶橡胶之外唯一具有开发前景的天然橡胶资源。种子含油率达 27%，木材可供建筑及制家具之用。杜仲树干通直，树姿优美，枝繁叶茂，叶片油绿光亮，抗热耐寒，抗病性强，是非常理想的城市、庭院绿化遮阴树种。杜仲根系发达，能耐干旱瘠薄，可生长在山坡、池边，或与常绿林混交成林，具有良好的水土保持效果。

早在公元前 100 多年的《神农本草经》中就记载了杜仲的药性、功效，称杜仲为"思仙"。《本草纲目》记载："昔有杜仲服此得道，因以名之。思仲、思仙，皆由此义。杜仲气味辛，平，无毒。主治腰膝痛，补中益精气，坚筋骨，强志，除阴下痒湿，小便余沥。久服，轻身耐老。"

杜仲植物名字的由来，民间有几个版本的传说。其一是，相传古代有位青年叫杜仲，常年在深山老林里采集此药，用此药治愈了很多的病人，人们为了感谢他，就将此药的药名"鬼仙木"更名为"杜仲"。

其二是，古时候，有一位土家族郎中叫杜仲。他长年奔波在湘西一带为土家族人治病，长年爬山使得他筋骨不好，腰腿酸痛。有一天，他进山采药，累了就在一棵粗壮、挺拔的参天大树下休息，他把砍刀砍在这棵树的树皮上，偶然发现这棵树的树皮有像筋一样多的白丝，他再撕开周围其他植物的表皮，却未见有这种现象。他认为该种植物不同寻常，人若服用了这种树皮的"筋骨"，说不定也会像这种植物一样筋骨强健。于是，他把树皮剥了一些带回家用水煮，开始尝试服用，一段时间后他的腰腿不酸疼了，腰板也直了。他坚持长期服用，奇迹出现了，他不仅身轻体健、头发乌黑，而且健康长寿。很多土家人向他询问秘诀。得知真相后，很多土家族老人也开始服用这种植物的树皮，效果很好，当地因此出现了许多健康长寿的老人。后来，杜仲竟因服此树皮得道成仙而去。土家族人为了表达对杜仲的崇敬、思念之情，便把这种植物唤为"思仙""思仲"。天长日久，土家族人干脆将这种植物叫"杜仲"。

杜仲

第七节 药食同源植物——葛

葛又名葛藤、野葛、葛根、粉葛等。葛是一种广布种植物，遍布我国除新疆、青海及西藏以外的南北各地。在黄山风景区的汤口至温泉、慈光阁、松谷庵、云谷寺、浮溪、黄山茶林场等地及周边山区的草坡、路边及疏林等阳生环境中，很易见其芳容，它有紫红色的花，大大的三出叶，或蔓生铺满草地，或攀缘挂满树木枝头。

葛及其生境

葛为粗壮藤本，长可达 8 米，全株被黄色长硬毛，茎基部木质，有粗厚的块状根。羽状复叶具 3 小叶，顶生小叶菱状卵形，全缘或 3 浅裂，侧生小叶偏斜，被黄色柔毛。总状花序，腋生，花密集；花冠紫红色，荚果条形，密生黄色长硬毛。

葛是一种重要的野生资源植物，是国家卫健委批准的药食同源植物，既有药用价值，又有营养保健之功效。食用时，多从新鲜的葛根中提取淀粉。葛粉可用于解酒。成品葛根淀粉质地洁白，每100克干品含蛋白质0.2克、脂肪0.1克、碳水化合物83.1克。葛可供药用，全身都是宝，其根、茎、叶、花均可入药，有解表退热、生津止渴、止泻的功能，并能改善高血压病人的项强、头晕、

葛

拉丁名：*Pueraria lobata*；

别名：葛藤、野葛、葛根、粉葛；

豆科：Leguminosae；

葛属：*Pueraria*；

花期：9—10月；

果期：11—12月。

头痛、耳鸣等症状。葛的块根含有异黄酮类活性成分，具有促进心脑血管和视网膜血流的作用，具有抗癌、降血糖、降血脂的作用。茎皮纤维可供织布和造纸用，在古代应用甚广，葛衣、葛巾均为平民服饰，葛纸、葛绳应用亦久。葛也是一种良好的水土保持植物。

叶

花

果

块根

民间相传，东晋升平年间，我国著名的道教理论家、医学家、养生家葛洪用这种植物为百姓治头痛中风、疔疮，解民间疾苦，这种植物因此而得其名。

第八节 "维生素之王"——中华猕猴桃

每年的金秋十月，在风景如画的黄山风景区，人们在欣赏美景时，在路旁的树林中，常常会发现挂满枝头的小号猕猴桃煞是诱人，不禁惊呼出声："野生的猕猴桃！"没错，这就是我国特有的珍贵野生果树资源植物——中华猕猴桃。

中华猕猴桃

中华猕猴桃为大型落叶藤本植物，在林中常常缠绕乔木，攀缘上升，枝蔓可长达 10 米。叶为单叶，互生，呈倒阔卵形，叶片较大，边缘有芒状小齿，叶背面密被灰白色或淡褐色星状绒毛，上面无毛。

中华猕猴桃（叶序、叶形）

中华猕猴桃的花是单性的，雌雄异株；花序腋生，雄花常常由 3～7 朵花组成聚伞花序，有时也单生；花瓣 5 枚，花香宜人，花色从初开时的白色逐渐变为淡黄色。雌花稍大些，通常是单生，形似两性花。雄蕊虽外形完整，但花粉粒退化，为不育雄蕊。子房呈球形，长有密密的糙毛，最终发育为果实。果实为浆果，黄褐色，呈椭球形、球形乃至柱状长圆形，长 4～6 厘米。

雄花

雌花

果实

中华猕猴桃

拉丁名：*Actinidia chinensis*；

猕猴桃科：Actinidiaceae；

猕猴桃属：*Actinidia*；

花期：4—5月；

果熟期：8—10月。

中华猕猴桃又名阳桃、藤桃、藤梨、苌楚等，为猕猴桃科猕猴桃属植物。

中华猕猴桃是我国特有的植物物种，主要分布于长江流域各省，以安徽、湖南、湖北、陕西（南部）、河南、江苏、浙江、江西、福建、广东（北部）和广西（北部）等省区居多。

中华猕猴桃多生长于海拔200～600米的低山区林边和丛林中，喜生于光照充足、气候温暖、雨量充沛的温带和亚热带地区，喜欢腐殖质丰富、排水良好、呈酸性或微酸性的土壤。

我国猕猴桃属植物资源十分丰富，全世界范围内的猕猴桃属植物有54种以上，产于亚洲，分布于马来西亚至西伯利亚东部的广阔地带，中国是优势主产区，有52种分布于我国各地，集中产地是秦岭以南和横断山脉以东的大陆地区。

中国科学院武汉植物园栽培的几种猕猴桃

中国科学院武汉植物园是世界上最大的猕猴桃种质基因库，共收集了全球范围内 66 种猕猴桃种质资源中的 60 个品种（变种）。

中华猕猴桃的果实是猕猴桃属中最大的。现今人工栽培的猕猴桃品种基本上是由中华猕猴桃及其变种美味猕猴桃选育而来的。

中国是猕猴桃的原产地，已有 1000 多年的猕猴桃栽培历史。从 20 世纪 70 年代后期，中国科学家开始系统地培育猕猴桃，育成了很多味道鲜美、营养丰富、外观漂亮的猕猴桃品种，果肉有绿色、黄色和红色等。

人工选育的猕猴桃品种

我们在超市里经常见到的来自新西兰的"奇异果"，其实也是猕猴桃的一个人工选育的品种。1904 年，新西兰一位女教师玛丽·费雷泽，在中国湖北宜昌的一个农贸市场上见到一种水果，其外果皮有很多毛，切开后，皮很薄，肉多味美，便将其引入新西兰，培育出来很多的美味品种。新西兰以其国家的国鸟"kiwi bird"的名字将猕猴桃命名为"kiwi fruit"。

中国是猕猴桃的故乡和起源地。猕猴桃在我国有文字记载的历史已有两三千年。早在先秦时期的《诗经》中就有关于猕猴桃的记载："隰（xí）有苌楚，猗傩其枝。"（中国古代猕猴桃被称作苌楚。）东晋著名博物学家郭璞把它定名为羊桃，湖北和川东一些地方的百姓至今仍把猕猴桃称作羊桃。李时珍在《本草纲目》中也描绘了猕猴桃的形和色:"其形如梨,其色如桃,而猕猴喜食,故有诸名。"《安徽志》云:"猕猴桃,黟县出,一名阳桃。"无论是猕猴桃的经济价值,还是以猕猴桃为载体的文化内涵,对人类而言都有十分重要的意义。

中华猕猴桃可谓全身都是宝,根、茎、叶、花、果实均有重要的利用价值。其根和根皮可作药用,具有清热解毒、活血化瘀、祛风利湿等作用;茎可用于造纸;花可提取香精;叶可作饲料;果实可理气、生津、润燥、解热,食用其制剂可助消化、增食欲、防呕吐、防治维生素 C 缺乏症等。近年来的临床试验发现,中华猕猴桃对麻风病、消化道癌、高血压、心血管病等有较好的疗效。中华猕猴桃枝繁叶茂,株形优美,也可作为庭院及公共绿化的观赏植物。

中华猕猴桃属于国家二级保护植物,已被列入《国家重点保护野生植物名录(第二批)》。中华猕猴桃虽分布广泛,但由于其全株有很高的利用价值,人为砍伐较为严重,加之其生存环境受到人类活动的干扰,种群数量日趋下降。因此,为切实保护好这一珍贵野生种质资源,需要加大物种保护宣传力度,严格禁止砍伐,并采取就地保护和引种保护相结合的措施。

第九节 小小"西瓜"吊着长——黄山栝楼

金色的秋天是收获的季节,黄山许多野生植物的果实已经成熟,正等待着野生动物取食,以使它们的种子扩散得更远,种群更加壮大。当你从黄山南大门徒步上黄山,或是穿行于汤口浮溪的林中小道,醉心于黄山奇妙景色时,如果你稍加留意,在路边的树枝上、缓坡草地等处会看见橘黄色的"小西瓜",它们有着长长的果梗,悬吊在藤蔓上。再进一步细致观察,可发现其叶片 5 深裂至基部,这时你就可以自豪地告诉同行的旅伴:"这是黄山栝楼!"大概率你说对了。请再跟随本节,更深入了解黄山栝楼,那么,"植物达人"的美誉就会在你的旅伴中传开了。

黄山栝楼是安徽特有的药用植物。其模式标本采自黄山,据报道,目前其仅生长在安徽的黄山和歙县清凉峰。

果实

黄山栝楼

拉丁名：*Trichosanthes rosthornii* var. *huangshanensis*；

葫芦科：Cucurbitaceae；

栝楼属：*Trichosanthes*；

花期：5～8月；

果期：8—10月。

黄山栝楼为攀缘草质藤本植物。块根呈条状，肥厚；茎有纵向的棱和槽；卷须2～3分支。单叶互生，纸质状叶片，叶片5深裂至基部，裂片具1～2线形细裂片；花为单性，雌雄异株，花冠白色，奇特的是花冠的裂片顶端有着长长的丝状流苏，这是栝楼属植物花的特点；果实为球形或椭圆形，长8～11厘米，直径7～10厘米，光滑无毛，成熟时果皮及果瓤均呈橙黄色。种子为卵状椭圆形，扁平。

黄山栝楼是中华栝楼的变种，常生长于海拔600～800米的山坡林下、灌丛和乱石堆中。在黄山南大门至温泉路边、汤口浮溪等处有分布。

黄山栝楼是重要的野生药用植物与天然保健食用植物。黄山栝楼一身都是药，其根可制成中药天花粉，然而虽有粉之名，却无粉之实，实际上是将粗大肥厚、富含淀粉的根干制后切成片，其含有天花粉蛋白，有引产作用，是良好的避孕药。果皮为中药材，有清热化痰、润肺止咳、滑肠的功效。其种子栝楼仁也可作为中药材入药，也叫"药瓜子"，既有润肺消痰、止渴之效，也是很好的休闲食品。

黄山栝楼的果实圆润可爱，花形奇特，也是良好的观赏植物。

叶　　　　　　　　　　　花

栝楼的枝叶藤蔓

第十节　百年好合——百合

　　百合的花大，芳香，花姿雅致，叶片青翠娟秀，茎干亭亭玉立，是深得人们喜爱的植物。各地均有栽培，并被赋予"百年好合"的美好寓意。

　　百合花名称的由来，系因其鳞茎由近百块白色鳞片层环抱而成，状如莲花，因而取"百年好合"之意命名。简称：百合。

百合

百合

拉丁名：*Lilium brownii* var.*viridulum*；

百合科：Liliaceae；

百合属：*Lilium*；

花期：5—6月；

果期：9—10月。

　　百合为多年生草本，鳞茎为球形，淡白色，由许多肉质肥厚的鳞片聚合而成，如莲座状。茎高可达2米，有紫色条纹。叶散生，茎呈倒披针形至倒卵形，全缘，无毛。百合的花为喇叭形，花单生或几朵排成近似伞形，多为乳白色，外面稍带紫色，无斑点，向外张开或先端外弯而不卷。

　　百合喜生长于海拔 300～920 米的山坡草丛中、疏林下、山沟旁，地边或村旁也有栽培，分布于安徽、河北、山西、河南、陕西、湖北、湖南、江西和浙江。黄山的云谷寺、黄山茶林场等处有栽培。

　　百合的鳞茎含丰富的淀粉，是一种名贵食品，亦作药用，有滋补强壮、润肺止咳、清热、利尿、安神等功效，主治劳嗽咳血、虚烦惊悸、热病后精神不安、浮肿、小便不利等症；对肺结核及慢性支气管炎有滋养和止咳作用。鲜花有香气，含芳香油，可提取制作香料。

野百合

百合是野百合的变种。与野百合的区别在于叶形，野百合的叶为披针形、狭披针形至条形，而百合的叶形为倒披针形至倒卵形。

百合原产于中国。从古至今，百合备受人们的钟爱，从野生状态到人工栽培，已有千年的历史。梁宣帝萧詧《咏百合诗》诗云："接叶有多种，开花无异色。含露或低垂，从风时偃抑。甘菊愧仙方，丛兰谢芳馥。"其描摹了一帧诗意浓厚的百合图。宋代大诗人陆游在《窗前作小土山蓺兰及玉簪最后得香百合并种之戏作》里写道："方兰移取遍中林，余地何妨种玉簪。更乞两丛香百合，老翁七十尚童心。"表现了诗人寄情花草、越活越年轻的开朗胸怀。

黄山还有两种百合属植物：药百合和卷丹，其花形奇特、美丽，既是常见的药用植物，也是良好的观赏植物。

药百合

药百合为多年生草本，鳞茎呈扁球形；花白色，花被片翻卷，边缘波状，下部有紫红色斑块和斑点，在黄山景区的仙人榜、云谷寺、半山寺附近的常绿林中常见。

相关链接

药百合

拉丁名：*Lilium speciosum* var.*gloriosoides*；

百合科：Liliaceae；

百合属：*Lilium*；

花期：7—8月；

果期：10月。

花

叶

药百合

卷丹

卷丹为多年生草本，上部叶腋有珠芽；花被片强烈反卷，橙红色，有紫黑色斑点。

黄山景区观花点：慈光阁、云谷寺、浮溪等。

相关链接

卷丹

拉丁名：*Lilium tigrinum*；

百合科：Liliaceae；

百合属：*Lilium*；

花期：7—8月；

果期：9—10月。

珠芽

花

卷丹

第三章　观赏植物

黄山观赏植物荟萃，种类繁多，令人赏心悦目的名花异草有松科、木兰科、蔷薇科、杜鹃花科、百合科、兰科、菊科等 10 多个科的植物。明代的雪庄僧人，终其一生隐于黄山皮蓬，在《黄山奇卉图》一书中绘有 120 种黄山的奇花异草。

美丽的鲜花是人们对美好心愿的精神寄托。每天看到花，人的精神会为之一爽，许多的烦恼就会云消雾散。意大利诗人但丁在《神曲》中说："我向前走去，但我一看到花，脚步就慢下来了……"白居易的《买花》诗有"家家习为俗，人人迷不悟"，都深情地表达了人们的恋花之愿。

限于篇幅，本章重点介绍 10 种具有代表性的植物，以观花植物为主，也兼顾观果、观形植物；既有草本植物，也有木本植物；既有高山耐寒植物，也有中低海拔植物；既有珍稀名贵植物，也有常见广布植物等。同时，在每节中简介与代表性植物有关联的植物 16 种（或花色相同，或海拔高低对应，或珍稀与普遍呼应，或果形与株型相似）。

黄山观赏植物从早春到仲夏直至深秋，花势连绵不绝，从山下到高山，层出不穷，尽情绽放。这些烂漫的山野之花，生机盎然，吟唱着自由之歌，激励着人们热爱自然、热爱生活的情感和对人生哲理的领悟。游黄山，怎么能不醉心于五彩纷呈的黄山花草呢！

第一节　串串铜钱树上挂——青钱柳

青钱柳的果实圆如铜钱，树形似柳，因而得名。

青钱柳树木高大挺拔，枝叶美丽多姿，果实像一串串的铜钱，从 7 月至第二年 5 月挂在树上，迎风摇曳，别具一格，颇具观赏性，又称摇钱树、铜钱树、金钱树、一串钱等。

青钱柳

青钱柳为落叶乔木，高 10～30 米，胸径 80 厘米左右，树皮为灰色；青钱柳的叶子为奇数羽状复叶，互生，有小叶 7～9 枚，小叶呈长椭圆形，基部偏斜，边缘有细细的锯齿；每年早春开出绿色的花，花单性，雌雄同株，雌雄花序均为柔荑花序；雌花序单生枝顶。

相关链接

青钱柳

拉丁名：*Cyclocarya paliurus*；
胡桃科：Juglandaceae；
青钱柳属：*Cyclocarya*；
花期：4—5月；
果期：7—9月。

叶及果序　　　　　　　　　花序

　　有趣的是，青钱柳的坚果成扁圆形带盘状翅，乍看似花瓣，瓣串连在一起，远远望去，极似一串串铜钱垂挂在树上，山风吹过，随风摆动，故得名"金钱柳""摇钱树"。嫩绿的坚果经历一个夏天的生长，渐近金秋，果实上的盘状翅逐渐变为枯黄色，秋风掠叶，也吹落了那一串串"铜钱"，于是树冠下落满金灿灿的"铜币"。

夏果　　　　　　　　　　　秋果

青钱柳常生长在海拔 500～2500 米的山谷两侧坡地、山麓阔叶林中，喜温暖湿润的气候以及肥沃疏松的酸性土壤，其分布于安徽、浙江、江西、福建、湖南、湖北、四川、贵州、广西、广东以及云南各省区。青钱柳在安徽省主要分布在皖南黄山、歙县、黟县、祁门、休宁、宣城、绩溪、石台、青阳和大别山的金寨、霍山、岳西、潜山等地，多呈零星分布。

在黄山风景区，其主要分布在桃花峰、温泉、逍遥亭、慈光阁、松谷庵、浮溪等处。

青钱柳树形高大优美，果似铜钱，为优良的观赏绿化树种及造林树种。追溯到宋代，诗人范成大曾有名句"古木参天护碧池，青钱弱叶战涟漪"，描绘高大的青钱柳耸立于溪涧，枝繁叶茂，春夏满株翠绿，入秋铜钱串串的神奇景观。

青钱柳树皮含有鞣质，可以提制栲胶；木材细致、软轻，可供制作家具及工业用板材。

据《中国中药资源志要》记载，青钱柳叶具清热、消渴、解毒之功效。《全国中草药名鉴》记载，青钱柳树皮具有消炎、止痛、祛风之功效。民间多以青钱柳树叶制成保健茶饮，俗称"甜茶"。现代研究表明，青钱柳含有多种生物活性物质，而青钱柳多糖是其主要有效成分之一。

秋天的青钱柳

青钱柳在 1984 年被列为国家二级保护植物，1993 年被安徽省列入省级珍稀树种名录，为我国特有珍稀植物。青钱柳是青钱柳属现存唯一的植物物种。中亚和欧洲曾发现一个青钱柳属的化石种，这说明它是古老的孑遗属、种，在过去的地质年代中，在北半球有着广泛的分布。

第二节　小松鼠的最爱——黄山栎

　　黄山栎的果实像极了电影《冰河世纪》里可爱又执着的松鼠斯克莱特生命里那个最重要的坚果。它为了这一颗坚果，拼死拼活、执迷不悟，即使冰河时代天崩地裂、大陆漂移，即使离开相爱的雌性飞鼠斯克莱蒂，依旧选择坚果，绝不松手。

　　斯克莱特一生挚爱、紧抱怀里的坚果就是橡果——橡树的果实。橡树并非特指某一种植物，而是一类壳斗科植物的统称，主要是栎属，包括槲栎、麻栎、栓皮栎、白栎等，还包括青冈栎属和柯属的部分种类，它们的果实都被称作橡果、橡实。

黄山栎的果实　（李金水　拍摄）

　　黄山栎的别名有黄山槲树、大叶栎树、大栎、大耳泡等，为壳斗科栎属植物，落叶阔叶小乔木，高达 10 米，树皮呈灰褐色，纵裂。

黄山栎

黄山栎叶片较大，呈倒卵形或宽倒卵形，长可达 15 厘米，宽可达 11 厘米，顶端短钝尖，基部窄圆，叶缘具粗锯齿，叶脉明显；叶柄极短。

树皮　　　　　　　　　　　　叶

黄山栎壳斗呈杯形，包着坚果的二分之一，直径 1.5～2.2 厘米，高约 1 厘米。坚果近球形，较大，高约 2 厘米，直径约 1.5 厘米，光滑无毛，成熟时为褐红色。

花　　　　　　　　　　　　幼果

黄山栎是我国华东地区特有种，主要分布在安徽、浙江、福建、江西等省。模式标本采自黄山，由我国著名植物学家钟观光先生在黄山采集，后经雷德尔（A. Rehder）研究鉴定为新种，于 1925 年发表，故其中文名以黄山命名。

黄山栎通常分布在海拔 1400 米以上的高山上，喜生于干旱的沙质土壤中，抗风及抗寒力较强，常形成小片的高山矮林，既是高山矮林的先锋树种之一，也是高海拔落叶林群落的重要组成树种。木材为环孔材，边材为黄色，心材为深褐色，气干密度 0.854 克/立方厘米；栎实含淀粉 45.1%、单宁 6.2%、蛋白质 6.9%、油脂 3.1%。

相关链接

黄山栎
拉丁名：*Quercus stewardii*；
壳斗科：Fagaceae；
栎属：*Quercus*；
花期：4—5月；
果期：9—10月。

黄山栎植株不高，表现为多枝低干性状，这一性状不是由遗传因素决定的，而是对山顶北坡土壤贫瘠、风力大、温度低、生长期短以及附生植物较多等外在因素所形成的反应。其在黄山主要分布在光明顶、白鹅岭、始信峰山脚、西海、北坡清凉台等地，是高山群落的优势种。

常绿阔叶林

黄山地处中纬度亚热带地区，地带性植被为常绿阔叶林，南坡从温泉到慈光阁、半山寺、天门坎，东坡自云谷寺至九龙瀑、喜鹊登梅，北坡自松谷庵到三道亭，海拔 1100 米以下的地带上，多为林相郁闭、群落垂直结构分层明显的常绿阔叶林。在这个地带上，一年四季，放眼望去，都是郁郁葱葱，一碧千里万仞山。

壳斗科植物在黄山有 20 种以上，是黄山植被的重要组成部分，尤其是在中低海拔，其很多种类是常绿阔叶林中的优势种，如青冈、甜槠、苦槠、柯、小叶青冈等。

黄山栎是高海拔山地落叶林群落的代表物种之一。同为壳斗科的青冈则是中低海拔常绿阔叶林群落的优势种之一。

青冈

青冈为常绿乔木，高可达 20 米。叶片上面为亮绿色，下面是粉白色，呈倒卵状椭圆形，中部以上具锯齿；壳斗像微型的小碗，包裹着三分之一的长卵圆形的坚果。

青冈生长于海拔 800～1200 米及以下的山坡或沟谷，组成常绿阔叶林或常绿阔叶与落叶阔叶混交林，为常绿阔叶林的主要建群种之一，在黄山分布广泛。其木材坚韧，可供车船等用材；种子含淀粉，可作饲料、酿酒；树皮含鞣质。

果实

青冈
拉丁名：*Cyclobalanopsis glauca*；
壳斗科：Fagaceae；
青冈属：*Cyclobalanopsis*；
花期：4—5月；
果期：10月。

青冈

第三节　林中仙女——黄山蔷薇

　　蔷薇属的植物自古就是佳花名卉，而黄山蔷薇更是难得的珍品，出落得如林中仙女一般美丽。在初夏的阳光下，显得如此楚楚动人。

黄山蔷薇

　　黄山蔷薇为落叶灌木，高 1～2 米；紫褐色的小枝上散生着直立皮刺，无毛。

　　黄山蔷薇的叶为奇数羽状复叶，小叶 5～9 片，小叶呈椭圆形，有尖锐锯齿，近基部全缘，两面无毛。

叶

相关链接

黄山蔷薇
拉丁名：*Rosa sertata*；
蔷薇科：Rosaceae；
蔷薇属：*Rosa*；
花期：6月；
果期：8—10月。

　　黄山蔷薇的花单生或 3～5 朵排成伞房状花序，花瓣呈粉红或玫瑰色，为宽倒卵形，先端微凹。果实为卵圆形，顶端有短颈，熟时深红色，宿萼直立。

花　　　　　　　　　　　　　　果

　　黄山蔷薇为蔷薇科、蔷薇属植物，又名钝叶蔷薇、美丽蔷薇、纯叶蔷薇等。植物学家曾以黄山为其命名，这从黄山蔷薇的拉丁异名（*Rosa hwang shanensis*）中的种加词 *hwangshanensis*（黄山之意）即可看出。

　　黄山蔷薇多生于海拔 1000～1750 米的山坡、路旁、沟边或疏林、松林、林缘路旁或灌丛中，分布于甘肃、陕西、山西、河南、安徽、江苏、浙江、江西、湖北、四川、云南等省。

　　黄山风景区主要观花点：云谷寺、白鹅岭、莲花沟、光明顶、狮子林、始信峰及北坡狮子林往松谷庵的途中。

　　黄山蔷薇的花芳香宜人，花色纯正、美丽，可供观赏。

　　黄山蔷薇的根可药用，据《中华本草》记载，其具活血止痛、清热解毒功效，主治月经不调、风湿痹痛、疮疡肿痛。

　　黄山的蔷薇科植物有 100 种以上，有草本、藤本、灌木和乔木，落叶或常绿，从低海拔到高海拔均有分布。花美丽，花色多样、鲜艳，是黄山观赏植物中重要的类群之一。秋季硕果累累，果实挂满枝头，多数植物的果实可以食用。

　　下面介绍两种在黄山常见的蔷薇科植物。

金樱子

　　金樱子为常绿攀缘灌木。羽状复叶3小叶；花大，直径5～7厘米，花瓣为白色；果实呈梨形，外面密生针状长刺，成熟时为紫褐色。叶可外用，治疗疮疖、烧烫伤等；根能活血散瘀；果实可制糖、酿酒，也可入药，具有补肾止咳的功效，并对流感病毒有抑制作用。

　　金樱子是很常见的植物，在黄山分布较广，如汤口溪流边、居士林、温泉至慈光阁、黄山茶林场、浮溪等。

相关链接

金樱子
拉丁名：*Rosa laevigata*；
俗名：油饼果子、唐樱芳、和尚头、山鸡头子、山石榴、刺梨子；
蔷薇科：Rosaceae；
蔷薇属：*Rosa*；
花期：4—6月；
果期：7—10月。

金樱子及其生境

花

果

粉团蔷薇

粉团蔷薇为野蔷薇的变种，花瓣单瓣，粉红色，鲜艳美丽，花期长，花量大。鲜花含有芳香油，可提制香精，用于化妆品工业；根、叶、花和种子均可入药，根能活血、通络、收敛，叶能外用治肿毒。黄山观花路线：温泉至慈光阁、云谷寺至狮子林山路旁、浮溪等。其多生于山坡、灌丛或河边等处，海拔可达 1300 米。

相关链接

粉团蔷薇
拉丁名：*Rosa multiflora* var.*cathayensis*；
别名：红刺玫、粉花蔷薇；
蔷薇科：Rosaceae；
蔷薇属：*Rosa*；
花期：4—7月。

粉团蔷薇

花

花序

第四节　盏盏油灯树上摆——灯台树

每年的初夏时节，正值灯台树盛花期，白色的小花呈伞房状聚合在一起，盛开在枝头，远远望去，就像一盏盏小油灯摆满了呈层状生长的大侧枝，错落有致，生机盎然，非常美丽，给奇美的黄山增添了一抹亮丽的风景。

相关链接

灯台树
拉丁名：*Cornus controversa*；
山茱萸科：Cornaceae；
山茱萸属：*Cornus*；
花期：5—6；
果期：7—8月。

灯台树为落叶乔木，高可达 15 米，光滑的树皮呈暗灰色；单叶互生，纸质的叶片为阔卵形，边缘没有齿，叶片的侧脉很有特点，呈弓形内弯。

灯台树的花为白色，很小，直径只有 8 毫米左右，许多的小花聚集在一起，形成了伞房状聚伞花序，直径可达 13 厘米，生长枝条的顶端为一个个大的花序，整齐地排列在大侧枝上，远远望去，极似一盏盏小油灯，故得其名。

灯台树

叶   花

花盛开时，似一盏盏小油灯

灯台树的果实为核果，小球形，刚结果时是绿色的，成熟的时候变为紫红色至蓝黑色。

灯台树生长在海拔 600～1600 米的常绿阔叶林或针阔叶混交林中，分布于辽宁、河北、陕西、甘肃、山东、安徽、台湾、河南、广东、广西以及长江以南各省区。黄山风景区主要分布在温泉、桃花峰、西海门、北海宾馆、始信峰山脚、北坡清凉台下面、浮溪等处。

灯台树是优良的木本油料植物，果实可以榨油，种子含油量达 22.9%，可用于制作肥皂及润滑油；木材细致均匀，可用以制作家具、铅笔杆等；树皮含鞣质，可提取栲胶；树冠形状美观，夏季花序明显，具

果序

有良好的观赏性，也可作为行道树种。

在黄山风景区，与灯台树同为山茱萸科的植物四照花，也有很好的观赏性。

灯台树

四照花

四照花为落叶小乔木，纸质的叶片单叶对生；头状花序呈球形，花为白色，较大，但白色的花瓣状的是总苞片，不是真正的花瓣；果实呈球形，成熟时为紫红色，味甜，可以食用，也可用来酿酒。其在黄山风景区主要分布在桃花峰、慈光阁至文殊院、始信峰山脚、北海宾馆以及西海等处。

相关链接

四照花

又名：华西四照花；

拉丁名：*Cornus kousa* var. *chinensis*；

山茱萸科：Cornaceae；

山茱萸属：*Cornus*；

花期：6—8；

果期：9—10月。

花

果实

四照花

第五节 大红"灯笼"树上挂——灯笼树

　　每年的初夏时节，当你在攀登黄山、欣赏奇美景色时，时常会发现路旁有一种树，远远地看上去满树的红光灿烂，会使你暂时忘记疲劳，快速拾级而上。走近树旁，你会看见树上像是挂满了小小的红灯笼，煞是可爱。这就是娇美艳丽的灯笼树。

灯笼树（周立新 拍摄）

　　灯笼树为落叶灌木或小乔木；幼枝呈灰绿色，无毛，老枝为深灰色。
　　纸质的叶常聚生枝头，呈长圆状椭圆形，先端短凸尖头，基部为宽楔形或楔形，边缘具钝锯齿，两面无毛；叶柄粗壮，具槽，无毛。

叶及株形

花多数组成伞形花序状总状花序；花梗纤细，长 2.5～4 厘米，无毛；花下垂；花冠为阔钟形，长、宽各约 1 厘米，肉红色，口部 5 浅裂。

花（施忠辉 拍摄）

果实

灯笼树的果实为蒴果，棕色，呈卵圆形，宿存的果梗朝下，先端弯曲朝上，果实直立，观赏性极佳。

灯笼树又名灯笼吊钟花、灯笼花、贞榕、女儿红、荔枝木、息利素落、钩钟花、钩钟等。

灯笼树

拉丁名：*Enkianthus chinensis*；

杜鹃花科：Ericaceae；

吊钟花属：*Enkianthus*；

花期：6—8月；

果期：9—10月。

灯笼树是一种高山植物，生于海拔 1400 米以上的山坡疏林和灌丛中。

灯笼树分布于安徽、浙江、江西、福建、湖北、湖南、广西、四川、贵州、云南，在黄山风景区主要分布在天都峰、白鹅岭、始信峰山脚、光明顶、北海宾馆、狮子林、西海等地。

生长在黄山风景区的灯笼树，随着往高处走，植株逐渐变矮，到了天都峰峰顶时，已成为矮株了，这是海拔、气候及土质等变化所造成的。

灯笼树的花朵呈宽钟形，看起来就像是挂满了一树的小灯笼；秋季的时候叶子会变成红色。灯笼树不仅花果美丽，而且叶子入秋后变为深红，是黄山风景区重要的观赏植物之一。

秋天里的灯笼树

第六节 "高山玫瑰"——黄山杜鹃

黄山的美，离不开植物。姹紫嫣红、千变万化的花，在植物的色彩美中占有不可替代的地位。黄山植物的色彩美中，最令人陶醉和流连忘返的要数枝叶葱翠光亮、花色绚丽多彩、被誉为"高山玫瑰""花中西施"的黄山杜鹃了。

每年的 4 月下旬至 5 月上旬，是黄山杜鹃怒放的时节，让人如痴如醉的杜鹃花海如约而至，蔚为壮观。一丛丛、一片片、一簇簇的黄山杜鹃，依山傍势，争相怒放，白如流云，艳似飞霞，有着极浓郁的山野气息。若游黄山而未见黄山杜鹃的芳容，实乃憾事。

盛开的黄山杜鹃（李金水 拍摄）

黄山杜鹃为常绿灌木，树高 2～4 米。革质的叶片常簇生于枝条的顶端，在卵状椭圆形的叶片顶端有短尖头，上面呈深绿色，有光泽，下面呈浅绿带黄色。

黄山杜鹃的花冠为钟形，有 5 个顶部有凹缺的裂片，上面的一个裂片的内面下部有红色斑点，6～10 朵花聚集在枝条的顶端，组成总状伞形花序，花梗直立。

黄山杜鹃的花色从花苞最初的深粉红色到盛开时的淡粉色，直至白色，朵朵花儿错落有致地点缀在枝头，如同彩霞落地。春风吹拂，花香宜人。

叶　　　　　　　　　花苞　　　　　　　　　花序

花枝

黄山杜鹃，又名安徽杜鹃，是安徽省级重点保护植物，1985 年被定为安徽省省花，2006 年被定为黄山市市花，为珍贵的高山耐寒常绿观赏花木。

黄山杜鹃生长于海拔 1000～1800 的林缘、绝壁上以及山谷旁或松林、灌丛中，被誉为"高山玫瑰"。其在我国主要分布于安徽黄山、歙县清凉峰、大别山区、江西、湖南及广西，在黄山风景区主要分布于玉屏楼、光明顶、西海、北海、清凉台、始信峰、云谷寺、狮子林、天门坎至文殊院。

树形

黄山杜鹃的模式标本采自安徽黄山。1923年，史德蔚（A. N. Steward）在黄山首先采集到了黄山杜鹃的模式标本。1925年，植物采集专家威尔逊以安徽杜鹃为名将其发表于世，以后植物分类学家张伯伦研究发现，黄山杜鹃与分布在川、黔、鄂一带的麻花杜鹃非常相近，将其归为麻花杜鹃亚种，这才有了黄山杜鹃的学名。最新的《中国植物志（英文版）》认为其应该为一个独立物种。

黄山杜鹃

相 关 链 接

黄山杜鹃

拉丁名：*Rhododendron maculiferumsubsp. anhweiense*；

杜鹃花科：Ericaceae；

杜鹃花属：*Rhododendron*；

花期：6—8月；

果期：9—10月。

黄山的杜鹃花家族，无论是在花色丰富度还是在栖息环境，以及海拔高度分布范围上，均为黄山群芳之首。黄山不仅有"花中西施"的黄山杜鹃，还有观赏价值较高的云锦杜鹃、鹿角杜鹃、羊踯躅、满山红、马银花，更有人们所熟知的鲜红奔放的映山红。

杜鹃

杜鹃又名映山红、红杜鹃、艳山红、照山红、艳山花等。

杜鹃

拉丁名：*Rhododendron simsii*；

杜鹃花科：Ericaceae；

杜鹃花属：*Rhododendron*；

花期：4—5月；

果期：9—10月。

杜鹃为落叶灌木，花冠似宽漏斗形，花色为鲜红色至深红色，上方的花冠裂片内面有深红色斑点。杜鹃花在黄山风景区从汤口至温泉、慈光阁、浮溪、莲花沟、狮子林、始信峰、云谷寺、清凉台至三道亭等均有分布。

花　　　　　　　　　　杜鹃

马银花

马银花又名马银杜鹃、石羊木、卵叶杜鹃等。

马银花为常绿灌木。花冠呈白紫色，有粉红色的斑点。

马银花

拉丁名：*Rhododendron ovatum*；

杜鹃花科：Ericaceae；

杜鹃花属：*Rhododendron*；

花期：4—5月；

果期：9—10月。

盛开的马银花

羊踯躅

羊踯躅又名黄杜鹃、黄花杜鹃、闹羊花等。

羊踯躅为落叶灌木。花冠为宽钟形，花色金黄色。花冠上侧 1 个裂片较大，内有淡绿色斑点。

羊踯躅在黄山风景区的分布是：汤口、浮溪、黄山林茶场、小岭山脚荒坡灌丛中。

相关链接

羊踯躅

拉丁名：*Rhododendron molle*；

杜鹃花科：Ericaceae；

杜鹃花属：*Rhododendron*；

花期：4—5月；

果期：9—10月。

羊踯躅

第七节　黄山小精灵——黄山龙胆

　　5月初夏的黄山，繁花似锦，郁郁葱葱，景色迷人。当你陶醉于黄山的奇松怪石、赞叹着波澜壮阔的云海时，你可曾看见过山地和岩石的草丛中那一朵朵淡蓝紫色的小花，正努力地从草丛中探出小脑袋，召唤着你停下脚步，休息片刻，欣赏它们的美丽。这些可爱的植物就是黄山的小精灵——黄山龙胆。春夏之间，黄山龙胆的花在山地草丛中临风开放，显得分外朴实和幽静，一片片，一簇簇，临风摇曳，显出一种淡雅、素净的美。

黄山龙胆

　　黄山龙胆为一年生矮小草本植物，高5～10厘米，茎紫红色。其叶对生，基生叶与茎生叶显著不同，基生叶密集成莲座状，呈宽卵形，茎生叶开展，疏离，短于节间，呈椭圆形。花多数单生于小枝顶端，漏斗形的花冠里面呈淡蓝色，有小小的斑点，外面呈黄绿色，花梗呈紫红色。黄山龙胆的果实为蒴果矩圆形，有宽翅，两侧边缘有狭翅。

基生叶

花

花序

黄山龙胆
拉丁名：*Gentiana delicata*；
龙胆科：Gentianaceae；
龙胆属：*Gentiana*；
花果期：5—7月。

　　黄山龙胆，又名华东异蕊龙胆、秦氏异蕊龙胆。

　　黄山龙胆为高山耐寒草本植物，通常生长在海拔1300～1850米的山坡阔叶林下、山地和岩石草丛中。

　　黄山龙胆的模式标本采自黄山，为中国特有植物，主要分布于安徽黄山，浙江、江西临近安徽的山区也有分布。

　　在黄山风景区，黄山龙胆的赏花路线与地点是：通往始信峰的步道旁、半山寺、眉毛峰北坡、文殊院、狮子林、天海、光明顶、鳌鱼背。

自古以来，龙胆一直被当作药草，而且是有名的中药材。

《神农本草》有关于龙胆的记载，只说其味苦，并没有对其植株形态加以描述。《开实本草》曰："今按别本注云：叶似龙葵，味苦如胆，因以为名。"这就是"龙胆"名称的解释。《本草纲目》也采用此种说法。

黄山龙胆的药用价值目前尚无文献报道。因此，对于黄山龙胆的药用及观赏价值，在保护野生资源的基础上，需要开展深入的研究。

黄山龙胆生长在高海拔密密的草丛中，植株又小，不经意间就会与之擦肩而过。龙胆科的另外一种植物或可以弥补这一遗憾。

黄山龙胆

獐牙菜

獐牙菜为多年生草本植物，高可达 100 厘米。卵状椭圆形的叶片最长可达 15 厘米，花的直径为 2.5 厘米左右，花冠 5 深裂，花色为淡绿色，花裂片上有紫色小斑点，且中部有两个黄色大斑点，这是獐牙菜的显著特征。

獐牙菜生长在海拔 1500 米以下的山坡灌丛中、草地、路旁、山谷溪边。

相关链接

獐牙菜
拉丁名：*Swertia bimaculata*；
龙胆科：Gentianaceae；
獐牙菜属：*Swertia*；
花果期：6—11月。

獐牙菜在黄山风景区主要分布在桃花峰、莲花沟、光明顶北、狮子林下、清凉台、西海门等处。

全草可药用，有祛湿、健胃的功效。

花

獐牙菜花序、植株

第八节　花似佛肚——浙皖粗筒苣苔

浙皖粗筒苣苔又名岩青菜、岩白菜、小荷草等，中医称之为佛肚花，大概因其粗长的花冠筒靠近花裂片处圆鼓鼓的，像弥勒佛的肚子一样。

浙皖粗筒苣苔常常生长在阴湿的峭壁岩石上。在深色的岩壁上，一个个淡紫红色的小筒样的花朵，在深绿色叶片的映衬下显得娇俏可爱，很是醒目。

浙皖粗筒苣苔及其生境

浙皖粗筒苣苔为多年生草本植物。叶全部是基生，似莲座状。椭圆状长圆形的叶片较大，皱皱的，似青菜叶子。花冠呈粗筒状，外面疏生柔毛，内面有紫色斑点，下部膨大，冠筒檐部2唇形，上唇2裂，下唇3裂。果实为蒴果，呈倒披针形。

| 叶 | 花 | 果 |

浙皖粗筒苣苔是我国华东地区特有的野生植物，常生长于海拔500~1600米的潮湿岩石上、常绿林下阴湿岩壁上及其草丛中，其主要分布于安徽南部、浙江西南部、江西东部，在黄山风景区主要分布在桃花峰、温泉至慈光阁、一线天、北坡清凉台、松谷庵、浮溪等处。

浙皖粗筒苣苔既是观赏植物，也是药用野生植物，具有解表、祛风、活

101

血、消肿毒之功效，主治感冒头痛、小儿惊风、筋骨酸痛；外用适用于痈肿、无名肿毒、外耳渗出性湿疹。

在全球范围内，苦苣苔科植物约有140属、2000余种，分布于亚洲东部和南部、非洲、欧洲南部、大洋洲、南美洲及墨西哥的热带至温带地区。我国有56属（其中28属特产于我国）、约413种，广布于西藏南部、云南、华南、河北及辽宁西南部。

苦苣苔科的许多植物，花大且奇特，花色鲜艳，可供观赏。常见的有从国外引进的非洲紫罗兰、大岩桐。

黄山风景区约有5种苦苣苔科植物，在步道旁的岩壁上，远处的、近处的，不时会出现在人们的视野中，人们在饱览黄山奇美景色的同时，也收获许多惊喜和赞叹。

吊石苣苔

闽赣长蒴苣苔

半蒴苣苔

苦苣苔

第九节　秋姑娘——黄山菊

　　金秋十月里，在海拔 1500 米以上的黄山高山上，已有了寒冷的感觉，落叶林已经换上多彩的颜色，把黄山装点得层林尽染；山地、岩石上的杂草也已渐次枯黄。在这秋意正浓的季节里，黄山菊正怒放在山地岩石、山沟石隙中。这种精致而又奇特的花，只在高山生长，开着具有浪漫气息的紫色、白色花，一旦离开高山的山地环境，便会失去野性和醇香。

黄山菊

叶

黄山菊为多年生草本植物，高15～50厘米，茎略带紫红色。

黄山菊的叶子变化较大，中下部茎的叶为宽卵形，二回羽状分裂，有长1～4厘米的叶柄。上部茎生叶小，呈长椭圆形，羽状深裂。

头状花序通常2～5个在茎枝顶端排成疏松伞房花序，边花为舌状花，白色、粉红色或紫红色。

盛开的黄山菊

盛开的黄山菊

黄山菊又名紫花野菊、西伯利亚菊，为生长在高海拔地区的植物，常生长于海拔1500米以上山坡及林缘。

黄山菊是我国特有植物物种，为现代菊花的原始母本，在物种起源方面有着重要的研究价值。其分布于我国安徽、黑龙江、吉林、辽宁、河北、山西、陕西、内蒙古及甘肃等省区，在黄山风景区主要分布在天门坎、莲花沟、天都峰、狮子林、西海门、慈光寺、半山寺、始信峰山沟石头缝隙中。

相关链接

黄山菊

拉丁名：*Chrysanthemum zawadskii*；

菊科：Compositae；

菊属：*Chrysanthemum*；

花果期：8—11月。

黄山菊生长环境

黄山菊既可入药，亦可制菊花茶。头状花序可入药，味微苦，性平、钝、柔，杀"粘"，清热解毒，燥脓消肿。

秋天是赏菊的季节，《礼记·月令篇》曰："季秋之月，鞠有黄华。"中国人极爱菊花，屈原《离骚》有"朝饮木兰之坠露兮，夕餐秋菊之落英"之句；唐代元稹有《菊花》诗："秋丛绕舍似陶家，遍绕篱边日渐斜。不是花中偏爱菊，此花开尽更无花。"由此可见，菊花与中华民族的文化早就结下了不解之缘。

菊科植物是双子叶植物的第一大科，全球范围有 25000～30000 种，我国有 2000 多种。菊科植物在黄山也是大家族，居群芳之首，有 106 种之多，几乎都是一年生或多年生的草本植物。有高大的，可长到 1～2 米甚至 2 米以上的种类（如橐吾、兔儿伞、白头婆、大蓟等）；也有矮小的，只有几厘米高的种类（如石胡荽）。花色有黄色、浅黄、白色、粉色、淡紫色、紫红色等等，千变万化，五彩纷呈。有只生长在 1000 米以上高海拔的种类

（如黄山风毛菊、黄山菊、山牛蒡、齿叶橐吾等），也有生长在中、低海拔的种类（如鼠麴草、黄鹌菜、华泽兰等）。大部分为本土植物物种，也有因人类旅游、经济社会发展等带来的外来入侵植物（如小蓬草、一年蓬、野茼蒿等）。

黄山的野生菊科植物有很多具有重要的药用价值、食用价值和观赏价值，如茵陈蒿、苍术、土三七、天名精、蒲公英等都是重要的药用植物，可作蔬菜的有茼蒿、莴苣等，花美丽、可供观赏的有大头橐吾、蹄叶橐吾、马兰、滨菊、千里光、蒲儿根、林泽兰等。

在黄山，有一种与黄山菊花期时间差不多的菊科植物——野菊。

野菊

野菊又名疟疾草、路边黄、山菊花、黄菊仔、菊花脑等，多年生草本，花为黄色，叶片3～7掌状分裂。其分布较广泛，生于各种山坡草地、灌丛、河边湿地、田边及路旁。野菊有很好的观赏性，也是药用植物，

相关链接

野菊

拉丁名：*Chrysanthemum indicum*；

菊科：Compositae；

菊属：*Chrysanthemum*；

花果期：8—11月。

叶、花及全草都可以入药。味苦、辛、凉，可清热解毒、疏风散热、散瘀、明目、降血压。可防治流行性脑脊髓膜炎，对于预防流行性感冒、治疗高血压、肝炎、痢疾、痈疖疔疮都有明显效果。野菊花的浸液对杀灭孑孓及蝇蛆也非常有效。

花

野菊

第十节　峭壁上的小黄花——九华蒲儿根

　　看到九华蒲儿根这个植物名，人们一定会猜想：它会不会和九华山有着某种联系呢？是的，九华蒲儿根的模式标本就采自安徽九华山。在安徽，目前仅在黄山、九华山有分布。

　　在黄山风景区，九华蒲儿根主要分布在海拔 1200 米以上的天都峰、莲花峰、莲花沟和一线天等处的湿润的岩壁缝隙中。没有过人的体力，还真难与它邂逅。

　　九华蒲儿根是一种生长在高山上的矮小草本植物，高不过 15 厘米。花瓣颜色是纯正的亮黄色，在暗灰色的花岗岩壁背景下，远远地就能看见，非常显眼。九华蒲儿根在早春里绽放，惹人喜爱，用盛开的花朵与黄山的春天相约，一同迎接五湖四海的宾客。

高山石壁上盛开的九华蒲儿根

九华蒲儿根为多年生的矮小草本植物，高 13～15 厘米。其茎直立，单生，不分枝；茎上长有多细胞长柔毛及白色棉毛状绒毛。基生叶具有长长的叶柄，茎生叶的叶柄具翅，在基部扩大成为半抱茎的圆耳，最上部的茎生叶无柄而具有粗齿的耳，叶背面均长有白色棉毛状绒毛，这些都是其重要的辨识特征。

九华蒲儿根花序及株形

叶柄的基部有翅，扩大成圆形半抱茎。

叶片圆形且边缘有宽齿，下面密生白色棉毛状的绒毛。

九华蒲儿根的花为头状花序，舌状花和管状花均为黄色，着生在茎的顶端，排列成顶生伞房花序。

总苞片 1 层，顶端尖，红紫色，外面长有白色蛛丝状绒毛。

花序

九华蒲儿根是中国特有植物物种，为高山植物，对生长环境要求严苛，种群数量较少，分布范围较为狭窄。九华蒲儿根生长于海拔 1200 米以上的山沟水边及阴湿岩石缝隙中。其主要分布在安徽的黄山、九华山，江西的黄龙山、庐山、宜春等地也有分布。近年来，在浙江丽水的九龙山自然保护区等地也陆续发现有九华蒲儿根分布。

相关链接

九华蒲儿根

拉丁名：*Sinosenecio jiuhuashanicus*；

菊科：Asteraceae；

蒲儿根属：*Sinosenecio*；

花期：4 月。

目前，对于九华蒲儿根的研究很少见诸报道，研究工作主要集中在资源普查。有关九华蒲儿根的地理分布、植物区系、遗传多样性及其利用价值等的研究还有待进一步开展。

九华蒲儿根是高山耐寒植物，植株矮小，游客稍不留意，就会与这美丽的小黄花擦肩而过。说起黄山春天里的黄花，除了九华蒲儿根，怎能少了温暖清新的蒲儿根、璀璨金黄的棣棠花、热情奔放的云实呢！漫步在风景如画的黄山景区，我们一起来找寻它们的踪影，欣赏那一丛丛的暖黄吧。

蒲儿根

蒲儿根与九华蒲儿根为同属植物，为多年生或二年生茎叶草本。头状花序呈黄色，舌状花舌片呈黄色；管状花花冠呈黄色。基部叶在花期凋落，具长叶柄；茎生叶片为卵状圆形，边缘有由浅至深的重齿。其在林缘、溪边、潮湿岩石边及草坡、田边，从低海拔到高海拔均有分布。在黄山风景区，其在汤口、浮溪、桃花峰山麓、黄山茶林场等低海拔处，常呈聚集分布。花色纯正，花形美丽，花量大。

相关链接

蒲儿根
拉丁名：*Sinosenecio oldhamianus*；
菊科：Asteraceae；
蒲儿根属：*Sinosenecio*；
花期：4—7月。

蒲儿根

棣棠花

　　棣棠花为落叶灌木，叶片为三角状卵形，单叶互生。花单生于当年生枝顶，花大，2.5～6厘米，花瓣5枚，黄色，宽椭圆形，顶端下凹。其生长于海拔200～1600米的山坡落叶林中及灌丛中。黄山风景区内棣棠花的观花路线为：桃花峰、逍遥亭、慈光阁、始信峰山脚、五道亭、三道亭、浮溪、北坡的刘门亭等。

相关链接

棣棠花

拉丁名：*Kerria japonica*；

蔷薇科：Rosaceae；

棣棠花属：*Kerria*；

花期：4—6月；

果期：6—8月。

棣棠花

云实

云实为藤本，树皮为暗红色，枝、叶轴和花序均被柔毛和钩刺。其叶子形状为二回羽状复叶，羽片 3～10 对，对生，具柄，基部有刺 1 对；小叶 8～12 对，膜质，长圆形，两面均被短柔毛。总状花序顶生，直立，多花；总花梗多刺；花瓣黄色，膜质，呈圆形或倒卵形，盛开时反卷，基部具短柄。荚果为长圆状舌形，脆革质，栗褐色。其生于山坡灌丛中及平原、丘陵、河旁等地，在黄山风景区的观花路线为：桃花峰、居士林、慈光阁、青鸾桥、半山寺、北坡清凉台至松谷庵途中、浮溪等。

云实
拉丁名：*Caesalpinia decapetala*；
豆科：Leguminosae；
云实属：*Caesalpinia*；
花期：4—5月；
果期：9—10月。

云实及生境

黄山植物研学之旅

　　黄山是一座"天然的植物园"，因其独特的地理位置、复杂的气候条件，蕴藏了十分丰富的植物物种资源，既有珍稀濒危的，也有常见广泛分布的；既有苔藓、草本类的，也有乔木、灌木类的；既有高山耐寒植物，也不乏中低海拔分布的植物。据最新黄山植物资源调查结果显示，黄山有高等植物 2385 种，其中至少有 51 种珍稀濒危植物，属国家一级保护植物的有 5 种，属国家二级保护植物的有 46 种。被列入世界自然保护联盟濒危物种红色名录的有 19 种，以黄山命名的植物达 34 种，模式标本采自黄山的植物共有 27 种。黄山植物不仅物种多样丰富，植物体本身也展示了丰富多彩的株型、变化多样的叶形、鲜艳夺目的花朵、玲珑可爱的果实、珍贵稀有的古树名木。植物是黄山生物多样性以及风景区自然景观无可替代的组成部分和基础。

　　天地有大美，美在四季有轮回，更美在徜徉于山川林野之中。黄山植物研学之旅，将带领同学们回归自然，在乐趣中认识和了解植物，解读自然的神奇，去体会发现之美，领略大自然的神奇，热爱和保护自然。

峭壁峰巅上的黄山松

多姿多彩的黄山植物

一、研学目标

1. 识别和了解几十种常见的以及珍稀濒危植物物种。

2. 学习如何观察和记录黄山的植被。

3. 学习如何采集和制作植物标本。

二、研学内容

1. 黄山植物识别

（1）学习如何观察植物的形态特征。归纳和总结不同种类植物的根、茎、叶、花、果实有哪些相同和相异的特征。在此基础上，识别和掌握 30 种常见植物和 10 种珍稀濒危植物的名称、特征、生境及用途等。

（2）在初步识别的基础上，归纳总结 5 个黄山常见植物大科的特征要点，如蔷薇科、菊科、壳斗科、十字花科、樟科。

（3）了解什么是草本、乔木、灌木、藤本植物。

【知识背景】

①植物的根、茎、叶、花、果实的基本结构和特征，应在识别植物过程中针对具体植物讲解此项学习内容，学生注意做好笔记。

②蔷薇科植物的花瓣通常 5 枚，花两性，即一朵花有雌蕊和雄蕊，有些种类有刺。菊科植物的花为头状花序，通俗地说，就是好多花长在一个花托上，像一朵花似的，如向日葵的花盘。壳斗科的果实有个小杯子一样的壳斗。十字花科的花是四个花瓣，呈十字形排列。樟科植物有一种特殊的芳香气味。

③草本植物是指茎内的木质部不发达、含木质化细胞少、支持力弱的植物。草本植物一般都很矮小，寿命较短，茎干软弱，多数在生长季节终了时地上部分或整株植物体死亡。根据完成整个生活史的年限长短，可将其分为一年生、两年生和多年生草本植物。乔木是指树身高大的树木，由根部发生独立的主干，树干和树冠有明显区分。灌木是指那些没有明显的主干、呈丛生状态、比较矮小的树木。藤本植物是指那些茎干细长、自身不能直立生长、必须依附他物而向上攀缘的植物。乔木、灌木、藤本植物均有落叶类和常绿类之分。

黄山植被与自然景观

2. 黄山植物群落类型的观察

讲解什么是常绿阔叶林、落叶阔叶林、落叶与常绿阔叶混交林、针阔混交林、山地灌丛以及高山草甸等，讲解不同的海拔高度会有什么类型的群落。

【背景知识】

①黄山地处中纬度亚热带地区，地带性植被为常绿阔叶林。因海拔高度达 1800 米以上，又具有很明显的山地垂直地带性。

②结合研学线路，讲解在不同的海拔高度植被的类型会发生哪些变化，并简要讲解在不同的植被带中生长着哪些植物种类。

野胡萝卜

醉鱼草

杠板归

木芙蓉

3. 植物的采集与标本制作

植物标本的采集与制作过程：采集前的准备、采集时的要求、蜡叶标本的压制与装订。

【背景知识与材料】

①采集前需要了解黄山采集点的自然环境，并准备采集必需的工具：标本夹、标本吸水纸、采集袋、枝剪、标签、照相机、手持 GPS（全球定位系统）、望远镜等。

②标本单株选择。应选择生长正常、无病虫害、具备该物种典型特征的植株作为采集对象。植物研学时的标本采集，是一个学习过程，重点是掌握方法。注意保护资源，只采集常见广布、数量多的植物。珍稀濒危物种或有毒植物切勿采集。

黄山植物研学

③采集步骤：初步修整，剪去部分枯枝叶。挂上标签，填上编号。填写野外记录要与标签号一致，表格务求详尽。植物采集好后，暂装入采集袋，带回室内后再压制。

种子植物标本采集信息表

采集号	
采集时间	
采集者	
采集地点	
地理坐标	经纬度
	海拔高度
树高	
胸径	
树皮	
叶	
花	
果	
习性	
生境	
用途	
中文名	
俗名	
拉丁名	
科名	

种子植物鉴定签

_____植物标本室

编　　号_____

中　文　名_____

拉丁学名_____

科　　名_____

采集地点_____

采集时间_____

④蜡叶标本制作与装订。压制是指让标本在短时间里脱水干燥，使其形态和颜色得以固定的过程。标本制作是将压制好的标本装订在台纸上，即为可以长期保存的蜡叶标本。注意事项：应及时更换吸水纸，采集当天应更换

两次，以后视情况而定。顺其自然地摆放植物标本，叶子勿相互叠压，应使各部位均能展现出来。标本压制好后，即可装订，用棉线缝合在台纸上，将野外记录表贴在左上方，将鉴定签贴在右下角。将标本消毒后，保存于标本柜中。

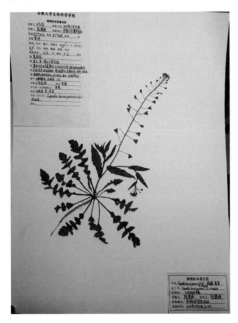

4. 学习自然笔记的写作方法

自然笔记作为自然教育的形式之一，是一种通过手绘图文的方式来记录创作者在自然及生活中所看、所想、所感的表达形式。同学们可运用自然笔记的图文记录方式来呈现在科学探索过程中的收获与发现。自然笔记既可记录野外观察的丰富内容，又能使学生的多项能力得到提高。

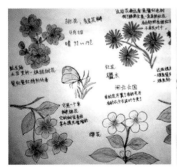

黄山研学的自然笔记

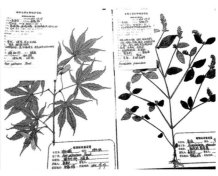

植物标本

三、物资准备

携带物品与工具	品名	备注
衣物	雨衣、遮阳帽、登山鞋	防滑登山鞋，深秋注意衣物保暖
药品	预防蚊虫、创伤等	
生活用品	食品、水、纸巾、自封袋等	高热量食品，带足水
学习工具	研学资料、笔、记录本	植物图册、防水记录本
调查工具	相机、枝剪、标本夹等	
通信工具	手持 GPS、手机等	
其他		

四、研学线路

第一天：在低海拔较平缓的区域，初步识别和掌握常见广布的植物物种，学习观察与记录植物考察的基本方法。

推荐路线 1：黄山汤口寨西—浮溪野生猴谷。

推荐线路 2：黄山汤口—黄山茶林场、九龙瀑、翡翠谷等。

推荐线路 3：黄山南大门—步行至慈光阁或云谷寺。

随着海拔逐渐升高，可以观察不同海拔高度、生境下的植物种类的差异性以及观察植物群落的垂直分布变化现象。

第二天：前往黄山风景区，观察高海拔区域植物种类，并与低海拔区域相比较。

推荐线路 1：汤口换乘中心—慈光阁—光明顶—迎客松—缆车下山。

推荐线路 2：汤口换乘中心—云谷寺—始信峰—光明顶—迎客松—缆车下山。

第三天：前往西递宏村，此处海拔高度更低一些，观察植物种类的变化。

五、安全注意事项

1. 以小组为单位结伴而行，听从老师指挥，严格遵守纪律。

2. 每次活动后，组长及时清点人数。如遇特殊情况，及时向老师汇报。

3. 研学活动在山区附近进行，要遵守纪律，保持联系，注意安全。

4. 在景点参观时注意保护文物古迹，不要随意刻画。

5. 保护景区设施和植被，保持环境卫生整洁，不随地扔垃圾。

6. 不要随意靠近悬崖、水域等危险区域，严禁私自活动。

黄山研学归来

六、研学成果展示

从下列几点中任选一点，进行研学成果展示。

1. 展示自己制作的精美的、科学性强的植物标本，并用课件形式讲解每个标本的采集、压制和装订过程中的领悟。

2. 展示自己的自然笔记记录的植物学知识、图片、学习心得，以及研学时遇到的有趣的事。

3. 与大家分享这次黄山植物研学中观察自然、了解自然、体会自然神奇的心得。

奇美的黄山风景

参考文献

［1］管开云，郭忠仁．中国濒危动植物寻踪：植物卷［M］．北京：北京出版社，2019．

［2］王锐，冯广平，包琰，等．徽州树木文化图考［M］．北京：科学出版社，2013．

［3］汪劲武．草木伴人生［M］．北京：中国大百科全书出版社，2015．

［4］胡嘉琪，梁师文．黄山植物［M］．上海：复旦大学出版社，1996．

［5］《安徽植物志》协作组．安徽植物志［M］．合肥：安徽科学技术出版社，1991．

［6］中国科学院中国植物志编辑委员会．中国植物志［M］．北京：科学出版社，2014．

［7］马炜梁．植物的智慧［M］．上海：上海科学普及出版社，2013．

［8］杨利民．植物资源学［M］．北京：中国农业出版社，2013．

［9］尹华宝，邱孝青，方明，殷雨虹．旌德植物图鉴［M］．合肥：安徽大学出版社，2019．

［10］黄山文明网．http://hs.wenming.cn/tkhs/201805/t20180528_5232954.html．